全国农业职业技能培训教材

科技下乡技术用书

全国水产技术推广总站 · 组织编写

"为渔民服务"系列丛书

团头鲂"浦江1号"高效养殖技术

季　强　张飞明　史建华　编著

U0195557

海洋出版社

2017年 · 北京

图书在版编目（CIP）数据

团头鲂"浦江1号"高效养殖技术/季强，张飞明，史建华编著.
—北京：海洋出版社，2017.3

（为渔民服务系列丛书）

ISBN 978 – 7 –5027 –9712 –6

Ⅰ.①团…　Ⅱ.①季…②张…③史…　Ⅲ.①团头鲂–淡水养殖

Ⅳ.①S965.119

中国版本图书馆 CIP 数据核字（2017）第 027239 号

责任编辑：朱莉萍　杨　明

责任印制：赵麟苏

海洋出版社　出版发行

http://www.oceanpress.com.cn

北京市海淀区大慧寺路 8 号　邮编：100081

北京朝阳印刷厂有限责任公司印刷　　新华书店发行所经销

2017 年 3 月第 1 版　2017 年 3 月北京第 1 次印刷

开本：787mm×1092mm　1/16　印张：12.75

字数：168 千字　定价：38.00 元

发行部：62132549　邮购部：68038093　总编室：62114335

海洋版图书印、装错误可随时退换

"为渔民服务"系列丛书编委会

前　言

团头鲂"浦江 1 号"是以湖北淤泥湖团头鲂为基础的群体。在数量遗传理论指导下，采用系统选育和生物技术相结合的方法，实施高强度选择，经过长达 15 年的六代系统选育后，获得了养殖性能优良的草食性鱼类的首例选育良种，具有遗传性状稳定（多态座位比例为 5.88%，平均杂合度为 0.025 8）、生长快（比原种长势快 30%）、体型好（体长/体高比为 2.1~2.2）、体色佳（鳞被珠光闪亮）、抗病力强、适应性广的优点。2000 年，经全国水产原种和良种审定委员会审定，农业部审核，公布为适宜推广的优良品种（农业部公告 2000 年第 134号）。2002 年获上海市科技进步一等奖，2004 年获国家科技进步二等奖。

自团头鲂"浦江 1 号"被农业部确定为国家级良种以来，连续多年列入农业部主推品种，作为优良的淡水养殖品种在全国应用推广，推动了团头鲂养殖产业的健康发展。据《中国渔业统计年鉴》统计，从 2000—2015 年鲂的养殖产量整体呈现增长趋势，其中 2014 年，鲂产量为 78.3 万吨，比 2013 年增加了 7.12%。团头鲂"浦江 1 号"养殖产业不仅在满足城乡居民的优质蛋白质消费需求方面发挥着不可替代的作用，在带动农业发展、促进地方渔业产业结构调整、提高团头鲂良种覆盖率和渔民增收、渔业增效等方面也做出了一定的贡献。

随着团头鲂"浦江 1 号"池塘主养、套养及湖泊水库的网箱、围网等养殖模式的迅猛发展,在提高产量的同时对其养殖技术等方面的要求越来越高。为进一步促进团头鲂"浦江 1 号"养殖产业持续、健康发展,笔者综合了国家级上海市松江区水产良种场团头鲂"浦江 1 号"的技术操作规范和团头鲂"浦江 1 号"的相关研究编写了本书,以团头鲂"浦江 1 号"的亲鱼选育、人工繁殖、苗种培育、成鱼养殖及病害防治等方面的实用技术为主,旨在为养殖人员和渔业科技工作者提供有益参考,促进团头鲂"浦江 1 号"养殖产业的发展。鉴于各地环境条件不一,所以在团头鲂"浦江 1 号"的人工繁殖、苗种培育、亲鱼选育、成鱼养殖等方面存在差异,读者要因地制宜参考应用。

目　　录

第一章
团头鲂"浦江1号"的生物学、
遗传学特征

团头鲂"浦江1号"俗名武昌鱼，隶属于硬骨鱼纲，鲤形目，鲤科，鳊亚科，鲂属。

第一节 团头鲂"浦江1号"生物学特征

一、团头鲂"浦江1号"的形态特征

1. 外部形态

体高而侧扁，外部轮廓呈菱形。头小，钝圆，口端位，下颌曲度小。腹部自腹鳍至肛门间有皮质棱。背鳍高小于或等于头长。体长/体高比 2.1 ~ 2.2。尾柄高大于尾柄长。体背侧灰黑色，腹部灰白色。体侧鳞片基部灰黑色，边缘灰白色。鳞被呈珍珠光泽。各鳍青灰色。

团头鲂"浦江1号"的外形见图 1.1。

图 1.1 团头鲂"浦江 1 号"

2. 可数性状

背鳍鳍式：D·3，7~7，7.000±0.000。

臀鳍鳍式：A·3，24~31，27.373±1.336。

侧线鳞数：50~61，54.224±2.226。

鳃耙数：12~16/16~22。

3. 可量性状

团头鲂"浦江 1 号"各龄组可量性状比例值见表 1.1。

4. 内部结构特征

鳔：鳔分三室。中室最大（体长 15 厘米以下个体此特征不明显），后室最小。

下咽齿：下咽齿三行。齿式为 2（1）.4.4（5）/5（4）.4.2（1）。

脊椎骨：脊椎骨总数：4+38~39。

腹膜：腹膜为灰黑色。

表1.1 团头鲂"浦江1号"可量性状比例值

项目	当年鱼（0⁺）	二龄鱼（1⁺）	三龄亲鱼（2⁺）
体长/体高	2.10 ± 0.07	2.15 ± 0.11	2.20 ± 0.10
体长/头长	4.60 ± 0.25	4.81 ± 0.18	4.97 ± 0.15
体长/尾柄长	10.44 ± 1.25	10.80 ± 0.59	10.60 ± 0.92
体长/尾柄高	7.81 ± 0.39	7.39 ± 0.25	7.62 ± 0.36
头长/吻长	3.20 ± 0.17	3.06 ± 0.14	3.25 ± 0.15
头长/眼径	2.99 ± 0.26	3.77 ± 0.20	4.22 ± 0.19
头长/眼间距	1.73 ± 0.11	1.73 ± 0.08	1.80 ± 0.09
尾柄长/尾柄高	0.76 ± 0.07	0.69 ± 0.04	0.73 ± 0.09

二、团头鲂"浦江1号"的栖息习性

团头鲂"浦江1号"一般栖息于水体中、下层，喜生活在较清瘦的淡水水体（盐度0.5‰以下），透明度30～35厘米为宜，是典型淡水鱼类。

1. 水温

团头鲂"浦江1号"是广温性鱼类。对水温的适应性较广，在1～38℃水体中均能存活，摄食和生长的最适温度为22～31℃，繁殖的最适温度为22～26℃。当水温低于0.5℃和高于40℃便开始死亡。

2. 溶解氧

团头鲂"浦江1号"不耐低氧。其正常生长发育要求水体中有足够的溶解氧。团头鲂"浦江1号"的耗氧率随着水温降低和体重增加而递减，在其早期发育阶段对水体溶解氧的要求相对较高，对低氧的适应力相应降低。在水温等环境条件适宜时，水中溶解氧达 5 毫克/升以上时，摄食强度大，饵料系数低，生长快；水中溶解氧低于 1.7 毫克/升时，呼吸受抑制；窒息点为 0.64～0.35 毫克/升（70% 达到死亡状态）。

团头鲂"浦江1号"一昼夜的耗氧率呈明显节律性，且成鱼与鱼种耗氧率的变化规律基本一致。白天的耗氧率比夜间高，白天出现 2 个高峰期即 8：00 和 16：00 左右，在 18：00 以后至次日 6：00 进入较低代谢状态（方耀林、余来宁，1991）。

3. pH 值

团头鲂"浦江1号"在 pH 值 7.5～8.5 的微碱性水体生长最佳，当水体的 pH 值小于 6.0 和 pH 值大于 10.0 时生长受到抑制。在池塘养殖中，受夏季光合作用强的影响，水体 pH 值暂时上升到 9.5～10 时，对其生长发育无不良影响。

三、团头鲂"浦江1号"的食性

在自然环境中团头鲂"浦江1号"是典型的草食性鱼类。成鱼的肠道较长，为体长的 3.5 倍左右。4 月开始摄食（4 月平均水温为 16.4℃），一直延续到 11 月（11 月平均水温为 14.4℃），6—10 月为其摄食高峰期。成鱼主食轮叶黑藻、苦草，其次是聚草、菹草、马来眼子菜等（表 1.2），且对轮叶黑藻的选择性最高（陈少莲，1991）；幼鱼（全长 3.7～4.5 厘米）的食物全是浮游动物，全长 4.3～4.7 厘米以上时，已开始摄食轮叶黑藻嫩叶（曹文轩，1960）。

研究表明：团头鲂"浦江1号"一昼夜内的摄食情况呈规律性变化。一般 6：00 饱满指数最低，在 10：00、14：00 和 18：00 较高，其中在 14：00 达最高峰（彭丽敏，1989）。

表 1.2　团头鲂"浦江 1 号"的自然食物组成（陈楚星，2002）

食物名称	出现率%	肠中出现时间
苦草	72.8	主要食物
轮叶黑藻	41.3	主要食物
植物碎屑	10.3	1—4 月
马来眼子菜	9.8	5 月
菹草	9.1	3—4 月
聚草	7.9	3—4 月
丝状绿藻	5.1	1—4 月
浮游动物	2.2	长年

四、团头鲂"浦江 1 号"的生长

团头鲂"浦江 1 号"为中型鱼类，生长速度较快，在同一饲养环境里，日增重（克/天）显著高于原种（表 1.3），生长速度比淤泥湖原种提高 30%。池塘主养模式：团头鲂"浦江 1 号"1 龄鱼种阶段体重可达 100 ~ 150 克/尾，2 龄鱼阶段体重可达 750 ~ 1 000 克/尾。

表 1.3　团头鲂"浦江 1 号"日增重（克/天）（李思发，2001）

	团头鲂"浦江 1 号"	团头鲂原种
1 龄	0.5	0.3
2 龄	3.0	2.3

各阶段体长（L）—体重（W）关系式为：

① 1 龄鱼种阶段：$W = 0.021\ 5 \times L^{3.017\ 4}$；

② 2 龄鱼阶段：$W = 0.006\ 5 \times L^{3.464\ 7}$；

③ 亲本阶段雌鱼：$W = 0.015\ 5 \times L^{3.202\ 2}$、雄鱼：$W = 0.101\ 2 \times L^{2.595\ 9}$。

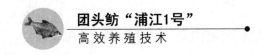

式中：W——鱼体体重（克）；L——鱼体体长（厘米）。

五、团头鲂"浦江1号"的繁殖习性

团头鲂"浦江1号"初次性成熟年龄为2龄，繁殖年龄以3～5龄为宜。性周期1年，产卵时间集中在水温20～26℃的5月中下旬（因地区温度差异而有迟早）。产黏性卵，受精卵的卵膜周隙不大，吸水后，卵径一般为1.0～1.3毫米，卵呈浅黄色，微带绿色。

1. 团头鲂"浦江1号"性腺发育的周年变化

池塘中饲养的团头鲂"浦江1号"亲本性腺发育周年变化情况：雌鱼卵巢的成熟系数在10月至翌年2月最低，3—4月上升，5月成熟系数达到最高峰，可达到24.5%，6—7月下降，8月有时可出现第二次高峰，成熟系数也可达到14%，以后又显著下降；雄鱼精巢9—12月成熟系数最低，平均不到1%，1—3月开始上升，5月达最高峰5.8%左右，以后逐步下降。

2. 团头鲂"浦江1号"的怀卵量

团头鲂"浦江1号"的怀卵量是衡量其繁殖力的重要指标，是一个重要的经济性状，怀卵量的大小直接影响着其苗种生产的经济效益。

怀卵量依Ⅳ期的卵巢计算，雌鱼所含有卵黄球的卵细胞数量。雌鱼怀卵量随个体和年龄的增加而增加，到7龄以后怀卵量增加较慢，产卵效果降低。相对怀卵量为5万～15万粒/千克体重。

六、团头鲂"浦江1号"肌肉营养成分分析

2011年4—8月于上海市松江区水产良种场取样体重140～600克的团头鲂"浦江1号"进行测定，结果表明：团头鲂"浦江1号"肌肉中水分含量

为 74.36% ～ 78.23%，灰 分 为 1.24% ～ 1.32%，粗 蛋 白 为 18.38% ～ 20.14%，粗脂肪为 1.51% ～2.07%。

肌肉中水解氨基酸共 17 种，其含量为 7.77 ± 0.79 克/100 克（湿重）。其中必需氨基酸 7 种，半必需氨基酸 2 种，非必需氨基酸 8 种。水解氨基酸中谷氨酸（Glu）含量最高，为 1.06 ± 0.12 克/100 克；其次是天冬氨酸（Asp）和组氨酸（His），两者含量相近；含量最低的为胱氨酸（Cys），为 0.05 ± 0.01 克/100 克，占氨基酸总量的 0.69%；其余各氨基酸含量均衡。

团头鲂"浦江 1 号"不同生长阶段肌肉中氨基酸总量（$\sum$AA）、必需氨基酸总量（$\sum$EAA）、半必需氨基酸总量（$\sum$HEAA）、鲜味氨基酸总量（$\sum$DAA）以及非必需氨基酸总量（$\sum$NEAA）之间并无显著性差异（何琳，2013）。

第二节　团头鲂"浦江1号"遗传学特征

一、细胞遗传学特征

团头鲂"浦江 1 号"体细胞染色体数目为 2n = 48。中部着丝粒染色体（m 组）13 对；亚中部着丝粒染色体（sm 组）9 对；亚端部着丝粒染色体（st 组）2 对。染色体臂数（NF）92。团头鲂"浦江 1 号"的核型公式为 2n = 26m + 18sm + 4st。同原种一致。

二、生化遗传特征

根据同工酶的测定结果，团头鲂"浦江 1 号"多态座位比例为 5.9%，平均杂合度为 0.025 8。显著低于长江中、下游 4 个水体中团头鲂天然群体（多态座位比例为 13.3% ～20%，平均杂合度为 0.054 9～0.085 1），团头鲂

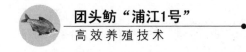

"浦江1号"多态座位比例比天然群体降低了2~3倍，有较大纯化。

三、分子遗传特征

据 RAPD 测定结果，团头鲂"浦江1号"群体内个体间平均遗传相似度为 93.5%，表明种质纯度较高。建立了团头鲂"浦江1号"的 SCAR 分子遗传标记。

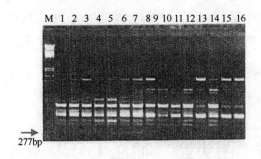

引物 S_{37}（GACCGCTTGT）扩增结果

（1~8 为团头鲂"浦江1号"；9~16 为未经选育的

淤泥湖团头鲂原种后代；M 为 Marker）

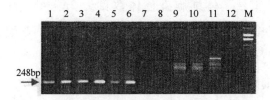

S_{37}^{277bp} 片段的 SCAR 转化带

（1~6 为团头鲂"浦江1号"；7~12 为未经选育的

淤泥湖团头鲂原种后代；M 为 Marker）

第三节 长春鳊、三角鲂、
团头鲂"浦江1号"外形区别

随着三种鱼类养殖规模的扩大，各地间苗种交流增多，其养殖群体的分布已远远超过了天然群体的分布，存在种间混杂的危险。因此对3种形态相似的鱼类进行区分，对其种质保护和遗传育种有重要意义。

一、长春鳊与团头鲂"浦江1号"、三角鲂的外部形态学区别

长春鳊胸鳍基部至肛门间有明显的腹棱，即腹棱完全；而三角鲂和团头鲂"浦江1号"均为平胸，腹棱自腹鳍基后出现，即腹棱不完全见（图1.2和图1.3）。

图1.2 长春鳊的外形（引自中国高等教育资源网）

二、团头鲂"浦江1号"与三角鲂的外部形态学区别

①团头鲂"浦江1号"体形较高，为菱形；三角鲂体形较窄，为近菱形。

②团头鲂"浦江1号"胸鳍较短，不到或仅到腹鳍基部；三角鲂胸鳍较长，一般超过腹鳍基部。

③团头鲂"浦江1号"吻较圆钝，口裂较宽，弧度较小，呈平弧形，上

图1.3　三角鲂的外形（引自天津望新水产良种场网站）

下颌的角质层较薄，背鳍硬刺短，小于头长；三角鲂口裂窄，弧度较大，呈马蹄形，唇厚且突出，上下颌前缘均具发达的角质层，背鳍硬刺较长，显著大于头长。

④团头鲂"浦江1号"尾柄长与尾柄高相近，呈方形；三角鲂尾柄长远远大于尾柄高，呈长方形。

⑤团头鲂"浦江1号"上眼眶骨小而薄，呈三角形；三角鲂上眼眶骨大而厚略显长方形。

⑥团头鲂"浦江1号"体呈灰黑色，体背部略带黄铜色泽，各鳍青灰色，体侧每个鳞片后端的中部黑色素稀少，整个体侧呈现出数条灰白色的纵纹；三角鲂每个鳞片中部为灰黑色，边缘较淡，组成体侧若干灰黑色纵纹。

第二章
团头鲂"浦江1号"
人工繁殖和苗种培育

第一节 团头鲂"浦江1号"的亲本选育

团头鲂"浦江1号"的优良性状保持与其科学选育措施是密不可分的，因此，团头鲂"浦江1号"亲本选育要严格按照农业部《水产原良种场生产管理规范》、《水产苗种管理办法》等相关要求进行选育。

一、种源要求

团头鲂"浦江1号"亲本应从上海海洋大学南汇水产动物种质试验站引进，或从上海海洋大学南汇水产动物种质试验站引进建立团头鲂"浦江1号"基础繁育群体后自行选育（上海市松江区水产良种场）。符合《团头鲂》国家标准（GB/T 10029—2010）（附录1）。

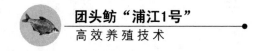

二、亲本选育数量

亲本选用数量少及性别比例不均衡，更易使繁育群体发生瓶颈效应和近交衰退，从而加速种质的同质化，降低群体的遗传多样性，继而会造成生长速度和抗病力的下降。因此，储备用亲本数量不少于 500 组（按雌雄比例为 1:1 计），繁育群体有效大小（Ne）不少于 200 组，以保证有效群体数量在 400 尾以上。这样，近交系数可控制在 1.3‰，即低于 1% 的可接受范围之内。

$$\frac{4N_{\female} \times N_{\male}}{N_{\female} + N_{\male}} = \frac{4 \times 200 \times 200}{200 + 200} = 400$$

式中：Ne——同时参加繁殖的亲本尾数；$N_{\female}$——同时参加繁殖的雌鱼尾数；$N_{\male}$——同时参加繁殖的雄鱼尾数。

亲本的雌、雄比例最好是 1:1~1:1.2，最少应不低于 1:1。用于繁殖的雌、雄亲本应在 1 250 克以上，年龄以 3~5 龄为宜，伤残亲本应立即淘汰，不断更换繁育群体，防止种质退化，确保亲本种质。

三、保种

严格执行隔离保种制度。对不同来源、不同年龄的亲本群体分池培育，各亲本培育池均建立独立的进、排水系统，并在进、排水口安装双层滤网，防止亲本混杂；6 龄亲本及伤残亲本应立即淘汰；规范亲本编号，标明其来源、选育或引进时间、淘汰时间、年龄等，便于管理，示例见表 2.1；定期进行良种种质检测，以确保良种纯度。

四、选育技术路线

选育技术路线以国家级上海市松江区水产良种场技术路线为例。采用群体选育法，池塘分级饲养，稀放速长，逐级筛选，在其种质特征充分表达的基础上，合理确定选择强度，选育团头鲂"浦江1号"亲本和后备亲本。

表 2.1　团头鲂"浦江 1 号"亲本情况表

编号	来源	性质	引进选育时间	年龄	重量（千克）	数量（尾）	性比	规格（千克/尾）	淘汰时间	备注

①在选育过程中，发现部分团头鲂"浦江 1 号"生长优势特别明显，但由于其体形达不到团头鲂"浦江 1 号"的体长与体高比的选育标准而被淘汰（1 龄后备亲本选育时最为明显），为防止团头鲂"浦江 1 号"生长优势性状的流失，可在低年龄层选育时，对生长优势明显的个体相对放宽体长与体高比选育标准。

②研究表明，团头鲂"浦江 1 号"的近亲交配可导致养殖性能迅速下降（李思发和蔡完其，2000）。因此，为防止在育苗生产中发生近交导致种质退化，后备亲本选育过程中定向留取，分池培育，3 龄时异批雌、雄交叉配组。

具体技术路线如下：每年从人工繁殖生产的鱼苗中定向留取 100 万尾鱼苗专池培育夏花，从中按 5% 的选留率筛选出 5 万尾较大个体专池培育；第一年年底按 20% 的选留率筛选出 1 万尾的 1 龄后备亲本（尾重≥150 克），专池培育；第二年年底按 40% 的选留率筛选出 4 000 尾的 2 龄后备亲本（尾重≥750 克），专池培育；第三年年底以不高于 50% 的选留率筛选出 800 组左右的 3 龄后备亲本（尾重≥1 250 克），雌雄分池培育。第三年后备亲本选育具体数量结合从上海海洋大学种质试验站引进情况来确定，但须确保有 500 组后备亲本补充下一年的繁育群体。每一批亲本计划使用 3 年，6 龄淘汰。每年有效繁育群体可维持在 1 500 组左右。同时，可向市场供应团头鲂"浦江 1 号"鱼苗 1 亿尾、后备亲本 300 组左右（图 2.1）。

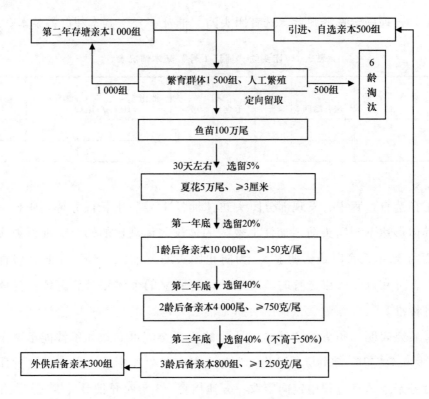

图 2.1 团头鲂"浦江 1 号"选育工艺流程

五、选育过程

1.1 龄后备亲本的选育

按照第二章第四节、第五节内容培育。同时增投青饲料,在夏花培育的后期投饲芜萍(漂莎)等;在鱼种培育早期为芜萍、浮萍,后期为汁多叶嫩的青饲料。夏花选育时,采用筛选加手选,按 5% 的选择率选留鳞鳍完整、游动活泼、喜逆水游泳、体质健壮的较大个体(30 天左右全长 3 厘米以上)

留种，其余供一般养殖用。

冬片选育时，按照第一章第一节要求（体长/体高比 1.8~2.2），采用手选，按 20% 的选择率选留体质健壮的较大个体（规格≥150 克）留种，其余供一般养殖用。

2.2 龄后备亲本的选育

按照第三章第一节内容培育，同时投喂足量青饲料。出塘时，按照第一章第一节要求（体长/体高比 1.9~2.2），采用手选，按 40% 的选择率选留体型好、体质健壮的较大个体（规格≥750 克）留种。

3.3 龄后备亲本的选育

通过上述选择步骤选留的团头鲂"浦江 1 号"均可用作为后备亲本进行培育，培育按照第二章第二节要求。单养时，每亩①放养 500 尾左右。冬季出塘时，按照第一章第一节要求，采用手选，从体重（规格≥1 250 克）、体型（体长/体高比 2.1~2.2）及体色（鳞被呈珍珠光泽）方面严格筛选，选择率不高于 50%，雌、雄配比为 1:1~1:1.2。

第二节 团头鲂"浦江 1 号"的亲本培育

团头鲂"浦江 1 号"亲本培育是良种生产中一项重要而长期的系统工程，是一个创造条件，使亲本性腺向成熟方面转化的过程，也是其人工繁殖非常重要的一个基础环节。亲本培育的好坏，直接影响到性腺的成熟度、催产率、受精率和孵化率，甚至关系到苗种的质量和成活率。在亲本培育过程中，应

---

① 亩：非法定计量单位，1 亩≈666.67 平方米。

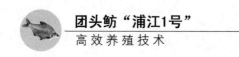

遵循团头鲂"浦江1号"亲本性腺发育的营养需要和生理规律，及时调整饵料投喂方式、投喂量等饲养管理措施。做到春季性腺大生长、提高亲本的怀卵质量，夏季使亲本尽快恢复体质保证正常生长，秋、冬季加快亲本的性腺发育，获得性腺发育良好的亲本。同时，依据团头鲂"浦江1号"性腺分期特征见表2.2，及时检查团头鲂"浦江1号"亲本的性腺发育情况。

表2.2　团头鲂"浦江1号"雌、雄亲本性腺分期特征

分期	雌鱼	雄鱼
Ⅰ期	性腺呈灰白色线状，肉眼不能区别雌雄	性腺呈灰白色线状，肉眼不能区别雌雄
Ⅱ期	卵巢形状为扁平而细长，肉眼不能辨别卵粒	精巢半透明或不透明，细线状或扁杆状
Ⅲ期	卵巢呈淡青灰色，肉眼能辨别卵粒	精巢呈粉红色或淡玉白色，圆杆状，轻挤鱼腹没有精液流出
Ⅳ期	卵巢呈黄而带淡青灰色，外膜血管发达	精巢呈乳白色，粗壮，表面血管明显，早期不能挤出精液，后期能挤出少量精液
Ⅴ期	卵巢内已充满由滤泡排除的游离卵粒，轻压鱼腹有成熟卵流出	精巢白色，内充满精液，轻压腹部有大量精液流出
Ⅵ期	产后卵巢膜皱缩和变厚，血管充血，外表呈橙红色，卵巢内剩有少量未产出的卵	排精后精巢体积萎缩变小，呈淡黄色或淡红色

一、池塘条件

亲本培育池塘要求环境安静，有充足水源，排、注水方便，有利于调节水质，水质应符合 GB 11607—1989 和 NY 5051—2001 的规定。池形以长方形为好，池底平坦，淤泥厚度不超过20厘米，水深2.0～2.5米，面积以1 300～3 300平方米为宜，利于亲本的饲养管理和性腺发育成熟度、摄食状况的检查，并要求接近人工繁殖场所或孵化育苗场所，减少亲本运输受伤率。放养前要清塘除野，进水口用60目双层网袋过滤，并配置防逃设施。每2 000～3 500

平方米配备3千瓦增氧机1台。

二、放养密度

每亩放养 100 ~ 150 千克。可搭配少量鲢、鳙亲本，起到调节水质作用。放养亲本的雌、雄比例最好是 1:1 ~ 1:1.2，如雄鱼较少，最少应不低于 1:1，否则将影响催产工作的顺利进行。在秋、冬季节，最迟不超过立春，把雌、雄亲本分塘专池培育，以防其自然繁殖，造成生产计划严重失控，避免造成不必要的损失。

三、产前（春季）培育

开春后，团头鲂"浦江1号"亲本卵巢进入大生长期，需要更多的蛋白质转化为卵巢的蛋白质。因此，亲本产前应强化培育，使亲本体内的大部分营养成分转移到性腺发育上，以期及时成熟。当水温回升到10℃以上时开始投饲。饲料以大麦芽为主，上午投喂，翌日早上检查饵料是否剩余，并根据检查情况和天气状况决定当天的投喂量（图2.2）；下午投喂青饲料，投喂量视摄食情况灵活掌握。产卵前强化培育不宜投喂高蛋白饵料，以免亲本过肥，使性腺发育受到抑制，或造成亲本产卵困难，肛门易外翻，鱼卵不能顺利排出。

注意调节水质，开春后将池塘水体抽去一半，然后加注新水，使池塘水体深度维持在1.2米左右，可提高水温、改善水质、提高水中溶氧，有利于亲本摄食。培育池塘冲水刺激是促进团头鲂"浦江1号"亲本性腺发育的重要措施之一，水温14℃左右时开始冲水，每隔3~7天冲水一次，每次10~15厘米。并根据天气状况，用便携式溶氧仪及时测定亲本培育池塘溶解氧（图2.3），避免亲本缺氧造成性腺发育退化。临产前半个月，切勿冲水刺激，以防流产。

图 2.2　检查亲本摄食情况

图 2.3　检查亲本培育池塘溶解氧

四、产后培育

　　产卵后亲本下塘，前三天切忌冲水，以防尚未产空的亲本顶水继续产卵，造成体能消耗过大而死亡。产卵后培育以补偿亲本体力消耗为主，应投喂蛋白质含量较高的精料，以熟化豆粕为主，适当搭配青饲料，投饲量视摄食情况而定。亲本体质恢复后改投鳊鱼专用颗粒饲料，投饲量为鱼体总重的1%~3%，适量投喂青饲料，半个月后投足青饲料。产卵后气温、水温逐渐升高，且亲本体质虚弱正待恢复，不耐低氧，应加强水质管理，要求水质清新，溶氧充足。

五、秋季培育

秋季培育的好坏与翌年亲本繁殖效果有密切关系，是搞好翌年繁殖工作的基础条件。秋季正是新卵大量分裂增生的时期，应强化培育，促进亲本怀卵量增加。秋季水温开始下降，应依据水温及亲本摄食情况及时调整投饲量，投喂饲料的蛋白含量不低于28%，投饲量为鱼体总重的1%～2%，并投足青饲料。

六、冬季培育

从12月至翌年2月间，因水温低，亲本的摄食量显著降低。当天气晴朗时，可适当投喂颗粒饲料、大麦芽或豆饼，供亲本基础代谢的能量所需。投喂量掌握在鱼体总重的0.2%～0.3%，确保安全过冬。池水保持一定肥度，便于浮游动物生长。

第三节　团头鲂"浦江1号"人工繁殖

一、团头鲂"浦江1号"亲本催产的基本原理

鱼类繁殖是个复杂的过程，需要中枢神经和内分泌系统的综合调节。整个生殖活动的完成，需要下丘脑—脑垂体—性腺轴的相互协调和相互制约，通过分泌一些生物化学物质发生作用，使生殖、生理活动协调一致，有规律、有节奏地进行。

团头鲂"浦江1号"亲本催产的基本原理是根据其自然繁殖的特征及其

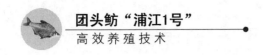
生理变化情况，采用生理、生态相结合的方法，把催产激素注入亲本体内，部分代替鱼体自身的神经——内分泌调节作用。即注射催产激素取代其自然繁殖时所需要的那些外界综合生态条件，而仅仅保留影响其新陈代谢所必需的生态条件（如水温、溶解氧等），诱导亲本发情进入性活动——排精产卵，精卵结合而受精（图2.4）。

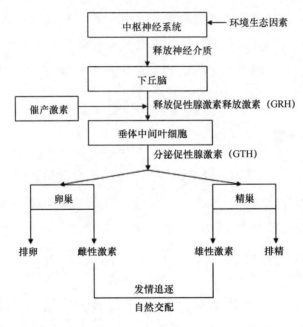

图 2.4　下丘脑—脑垂体—性腺的控制与调节生殖功能的动态反应（王武，2000）

二、团头鲂"浦江1号"亲本的催产时间

在团头鲂"浦江1号"亲本的最适宜繁殖时间进行催产是其人工繁殖取得成功的关键之一，需根据其性腺发育情况和气候、水温等因素确定。

1. 亲本的选择

在培育过程中，团头鲂"浦江1号"亲本性腺的成熟情况往往因饲养管理、个体和年龄等不同而存在差异。为确保催产成功，需对亲本进行成熟度的选择。目前生产上，主要依靠经验从外观上来鉴别。

（1）成熟雄鱼体表特征

雄鱼胸鳍前数根鳍条背面、尾柄背面、腹鳍都有密集的"珠星"分布，手摸这些部位和鳞片有粗糙感，胸鳍第一根鳍条肥厚而略有弯曲呈"S"型，成熟个体，轻压腹部有乳白色精液流出。

（2）成熟雌鱼体表特征

雌鱼仅眼眶及身体背部有少量"珠星"，胸鳍第一根鳍条细而直，腹部膨大，柔软，有弹性，卵巢轮廓明显，泄殖孔稍突出，有时红润。

也可借助挖卵器来判断雌鱼性腺发育的成熟度。将挖卵器正确而缓慢插入生殖孔内，然后向左或右偏少许，深入卵巢4厘米左右，将挖卵器旋转几下即可得到少量卵粒，将获得卵粒放在培养皿中，用肉眼直接观察卵的大小、颜色及卵核的位置。若卵粒大小整齐，饱满有光泽，全部或大部分核偏位，表明亲本性腺发育成熟，可以马上用于催产；如果卵粒小，大小不均匀，卵粒不饱满，卵核尚未偏位，卵粒相互集结成块，不易脱落，表明卵巢尚未发育成熟，需要进一步强化培育；如果卵粒扁塌，无光泽，卵膜发皱，则表明亲本性腺已开始退化，不适宜催产。

为了使卵核观察清晰，也可将卵粒置于培养皿或白瓷盘中，加入少许透明液，2~3分钟后，卵核就清晰可见。如果卵核偏向于卵膜边缘，称之为"极化"，此特征为卵母细胞发育到第Ⅳ时相末的重要标志，说明卵子已成熟，可以进行催产。过熟或退化卵，无核相，则催产效果差。

一般采用以下三种透明固定液：

①85%酒精

②95%酒精　　　　　　　　　85份

福尔马林（40%甲醛）　　　10份

冰醋酸	5 份
③松节醇	75 份
75% 酒精	50 份
冰醋酸	25 份

2. 气候和水温

团头鲂"浦江 1 号"催产前要密切关注水温、天气情况,当早晨水温达22℃并且天气状况比较稳定,便可进行催产。

团头鲂"浦江 1 号"亲本的排卵、产卵与水温有密切关系,若水温未达到产卵或排精所需的温度,即使其性腺已发育成熟,也不能完成生殖活动;尤其是阴雨天或突然的降温导致水温下降,不但会导致效应时间延长、亲本正常产卵活动的停止,甚至会导致受精卵发育不正常或死亡。

三、团头鲂"浦江 1 号"亲本的捕捞和运送

保护亲本完好无伤是促使亲本顺利产卵受精的重要一环,所以捕捞时必须不伤鱼体。亲本捕捞前 1~3 天停草、停料,减少亲本产卵时污物产生,提高受精率、孵化率。网具选择尼龙网,网目 2 厘米左右,可避免亲本鳍条破裂。拉网快慢要适中,收网后,手选亲本时,动作要协调迅速。

亲本运送要轻快,避免缺氧、受伤等情况发生,切忌离水操作(图 2.5),以免造成亲本性腺发育停滞不前甚至退化。准备催产的亲本捕捞后放入产卵池网箱(图 2.6)中暂养(雌、雄按 1:1~1:1.2 配组),以便注射催产激素。

捕捞前做好相应的准备工作,如催产激素配制及注射、注射用具消毒、产卵池注水、选鱼、运输、产卵池亲本验收和记录等工作要明确分工,保证亲本起网后能迅速完成催产工作。

图 2.5　亲本捕捞和运输

图 2.6　产卵池亲本暂养网箱

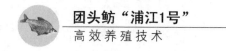

四、团头鲂"浦江1号"亲本的人工催产

1. 产卵池

产卵池（图 2.7）圆形，直径 10 米左右，池壁光滑，池底向中间集卵孔倾斜，中心较四周低 10～15 厘米。水深 1.5 米左右，适合 100 组以上繁育群体同池产卵。进水口与池壁呈切角，沿池壁进水，使池水流转，便于收卵。产卵池使用前要刷洗干净并消毒。

图 2.7　产卵池

产卵池应靠近水源、亲鱼培育池及孵化房，交通便利，方便亲本运输、鱼卵收集、孵化等人工繁殖工作的顺利进行。此外，要保证产卵池周围安静，以免在亲鱼产卵过程中受到惊吓，影响催产和受精的效果。

2. 催产剂配制及注射

（1）注射剂量

注射剂量受团头鲂"浦江 1 号"亲本的性腺发育成熟度、水温等因素影响，生产上应灵活掌握。水温较低或性腺发育成熟度差时，剂量可以适当提高；性腺发育成熟度好，可以适当降低剂量；繁殖早期或往年已产过卵的亲本，剂量可适当提高。催产激素用生理盐水（含盐量为0.7%）溶解后（图2.8），方能注入鱼体，药液量一般每尾雌鱼注射2毫升，雄鱼减半。注射器、针头等用具在使用前要采取消毒措施。

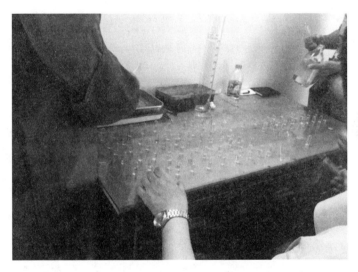

图2.8　配制催产剂

团头鲂"浦江1号"亲本繁殖一般采用一次注射，每千克雌鱼注射绒毛促性腺激素（HCG）500～600国际单位和促黄体生成素释放激素（LRHA$_3$）5～6微克，雄鱼剂量减半。也可采用二次注射，即第一针雌鱼按催产激素全量的1/3～1/5注射，间隔8～12小时再打第二针补足全量。但在规模生产中不宜采用二次注射，因对亲本损伤较严重，仅在繁殖早期对群体发育不同步或进行人工授精的情况下才使用该方法。

（2）注射方式

人工催产采用胸鳍基部腹腔注射，需两个人配合进行。一个人固定亲本的鱼体，将鱼头向左平放，右手按住鱼体下部；另一人右手握住注射器，注射器的刻度朝上，以便掌握注射液的输出量，用左手大拇指掀开胸鳍条，注射在胸鳍基部无鳞片的凹入部位，将针头朝向头部前上方与体轴成45°角刺入1.5~2厘米，然后放下胸鳍条，把催产剂徐徐注入鱼体（图2.9），注射完毕迅速拔出针头，用手指轻轻按住注射口片刻，以免注射液有外流，然后将亲本放入产卵池中。团头鲂"浦江1号"胸鳍基部皮肤薄，容易划破，在注射过程中，当针头刺入后，若亲本突然挣扎扭动，应快速拔出针头，不要强行注射，以免针头扭弯或导致亲本受伤，可待亲本安定后再行注射。

图2.9　注射催产激素

（3）注射时间

催产激素的注射时间应便于团头鲂"浦江1号"人工繁殖期间的工作安排，根据效应时间和计划产卵时间来决定。

采用一次注射时，注射时间最好在17：00—18：00，水温22~26℃，效应时间6~9小时，控制亲本在翌日黎明前后产卵。一是环境相对安静，避免人为干扰，有助于提高催产率；二是亲本在黎明前后产卵，产卵时间4~6小时，亲本上午即可出池，避免体质较弱的产后亲本在温度较高的下午出池，有助于提高亲本成活率和进行后续工作；三是符合团头鲂"浦江1号"的内在生理规律，其血液中促性腺激素（GTH）日周期变化中含量最高峰的时间在黎明至中午，有助于提高催产率。

效应时间是指团头鲂"浦江1号"亲本注射催产激素之后（末次注射）到开始发情产卵所需要的时间，效应时间的长短与水温、亲鱼年龄、性腺成熟度以及水质条件等有密切关系。亲本性腺发育好，效应时间较短；亲本性腺发育差，效应时间较长。水温与效应时间呈负相关，即：水温低，效应时间长；水温高，效应时间则短。一般情况下，水温增加1℃，效应时间相应减少1~2小时；反之，水温减少1℃，效应时间相应增加1~2小时（表2.3）。

表2.3　水温与效应时间的关系（苏建国和杨春荣，2000）

水温（℃）	效应时间（小时）
18~19	12
20~21	10
22~23	9
24~25	7~8
26~27	6

3. 产卵受精

将已注射了催产剂的雌、雄亲本放入产卵池中，保持流水刺激。水温24~25℃时，7~8小时即可产卵受精。产卵期间应注意产卵池管理，必须专人值班，观察亲本动态，保持环境安静，做好记录。

4. 脱粘收卵

在亲本充分发情开始产卵时，全池泼洒经 40 目筛网过滤的泥浆水一次，用量为每吨水 2.5 千克经暴晒粉碎的干黄泥，使卵自动脱粘后散落池底，随水流冲至集卵箱（图 2.10）。部分鱼卵会黏附在池壁和池底，因池水流动故不会缺氧。产毕，打开底阀排水，用柔软的扫把从池壁顺着产卵池内水流的方向把鱼卵推向集卵口（图 2.11）；并适量加大冲水，以便鱼卵随水流冲至集卵箱。收卵时应密切关注集卵箱的卵量情况，避免囤积过多，造成积压性缺氧，然后捕出亲本（图 2.12），放入池塘进行产后培育。

图 2.10　集卵箱

5. 流水孵化

孵化工作是团头鲂"浦江 1 号"人工繁殖一个重要环节，必须依据受精卵发育的生理、生态特点，创造适宜的孵化条件和进行细致的管理工作，才能使胚胎正常发育。

图 2.11　收卵

图 2.12　拉网出鱼

（1）孵化设施

　　孵化设施有孵化缸和孵化环道两种。相比较而言，孵化环道造价低，占地少，但操作不当易形成死角；且团头鲂"浦江1号"鱼苗娇嫩，集苗时易损伤。因此，孵化缸较适合于团头鲂"浦江1号"受精卵的孵化。

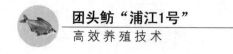

（2）孵化条件

要求水源稳定、充足，水温适宜，水质良好，无任何污染，符合国家渔业水质标准。水源进入蓄水池时用 60 目滤网过滤，然后杀灭水源中的病原体和敌害生物。消毒时用 25～30 克/米³ 生石灰或 1 克/米³ 漂白粉（含有效氯 30% 以上）全池均匀泼洒，杀虫可用 0.5 克/米³ 敌百虫（90% 的晶体敌百虫）全池均匀泼洒。人工繁殖时需确保使用药物毒性已消失。蓄水池池水进入水塔时也需要经 60 目滤网过滤。

溶解氧：团头鲂"浦江1号"胚胎发育随发育阶段的进行，对溶解氧的要求不断提高，对低溶解氧的适应力相应降低。整个发育过程中耗氧量上升较明显的共有 5 个阶段，即原肠期、肌肉效应期、胚体转动期、出膜期和幼苗期，分别与发育阶段中的前一发育时期相比较，其耗氧量增加 1.15～2.52 倍，以原肠期和出膜期增加倍数最高（方耀林和余来宁，1991）；溶解氧过低可导致受精卵提早脱膜、胚胎发育受阻或产生畸形甚至出现死亡。因此，要求孵化期内溶解氧必须保持在 5～8 毫克/升。

水温：团头鲂"浦江1号"胚胎发育要求一定的温度范围，过高和过低的水温影响正常胚胎发育。团头鲂"浦江1号"胚胎发育的最适温度为 24～26℃，水温低于 18℃ 或超过 30℃，都会使胚胎发育停滞或异常，即使有少量孵出，大部分为畸形苗，极难存活。短时间内水温的变化超过 ±3℃，也会影响胚胎正常发育，造成发育停滞或产生畸形及死亡。胚胎发育速度与水温高低有关。在正常水温范围内，水温高，孵化时间短；反之，则长。

pH 值：水体的 pH 值控制在 7.5 左右。pH 值低于 6.4 时，容易使团头鲂"浦江1号"受精卵卵膜软化，卵球扁塌失去弹性，从而影响胚胎的正常发育，易提早脱膜；pH 值大于 9.5 时，也会导致受精卵卵膜提早溶解。

氨氮和亚硝酸盐：氨氮和亚硝酸盐是影响团头鲂"浦江1号"育苗的重要环境因子之一。目前，暂未发现有氨氮和亚硝酸盐对团头鲂"浦江1号"

受精、孵化影响的研究。但在育苗期间，要定期检测孵化水体水质，确保氨氮≤0.2毫克/升，亚硝酸盐≤0.10毫克/升。当育苗水体氨氮和亚硝酸盐大于上述指标时，水体溶解氧必须保持在5毫克/升以上。

（3）孵化管理

在孵化过程中，要有专人值班，全过程严格管理，确保鱼卵孵化顺利进行。催产前需对孵化缸进行一次彻底检查、试用，发现问题及时处理，将有关工具及设施清洗干净、消毒后备用。

孵化密度：从胚胎发育的生理、生态特点分析，胚胎个体发育处于稀疏状况下比处于密集状况下安全。一般每立方米水体放100万～150万粒卵，利于孵化缸内水体保持高溶解氧状态，提高孵化率。在实际生产中，从育苗生产单位的经营效益、单位水体的利用率及承载量综合考虑，当孵化水体溶解氧不低于5毫克/升，水温在22～26℃时，孵化密度可以适当增加到200万～250万粒/米^3。这对育苗生产单位来讲，即提高了设备利用率，又节约了生产成本。

清除污物：收集的受精卵经20目的筛子清洗后放入孵化缸孵化（图2.13）。孵化纱窗网目规格60目，孵化期间须经常洗刷滤网（图2.14），防止堵塞。出膜阶段，更应及时清除过滤网上的卵膜及污物，以免堵塞筛孔，造成水体由滤网上端溢出而逃苗。

图2.13　清洗受精卵

图 2.14 洗刷孵化缸滤网

孵化阶段水流控制：

①脱膜前加大水流，防止鱼卵重新结块，在水流的作用下，还可冲散脱粘不彻底的卵块。

②脱膜时，鱼苗较嫩、弱，为防其擦伤，鱼苗脱膜后须马上减缓水流，以孵化缸内水体恰能翻动为佳。但团头鲂"浦江1号"的卵膜较难溶解，故孵化缸内污物较多，为防缺氧，可每小时加大水流5分钟。

③脱膜后流速要缓。随着脱膜的逐步结束，鱼苗的平游能力渐渐提高，逆水习性慢慢形成，水流的速度要逐步调缓，使其不因流速的变小而缺氧窒息，也不因流速太大而过分消耗体能。

④当80%左右的鱼苗点腰（卵黄囊逐渐消失，腰点开始出现）平游后关闭水流，孵化缸内的污物及尚未点腰的鱼苗会先沉到孵化缸底部，然后打开阀门放出，清洁缸内水质，可确保缸内鱼苗规格整齐。

防止早脱膜现象：在孵化过程中，早脱膜会致使胚胎畸形率增加，孵化率降低，鱼苗成活率低。早脱膜现象的原因较多，生产中应根据具体情况预防或解决。主要原因是卵子质量差，卵膜比较薄，弹性差，受外力作用极易破裂，胚胎提前出膜。当出现少量早脱膜现象时，可用 $5 \sim 10$ 克/米^3 高锰酸钾溶液泼洒（卵膜变为黄色）抑制早脱膜。

病害防治：病害防治见表2.4。

表2.4 孵化期间主要病害防治办法

病害名	药物	方法
水霉病	氯化钠	浸浴：1%，10~15分钟
	氯化钠、小苏打合计	浸浴：氯化钠20毫克/升 + 小苏打20毫克/升，10~12分钟
	美婷	浸浴：100毫克/升，每12小时用药1次，连用3次
剑水蚤	敌百虫	泼洒：0.5毫克/升。在孵化器中，先停止供水，将所需药物计算好用量，加水稀释后均匀泼洒，并搅拌 10~20 分钟，再恢复供水；也可孵化前泼洒至供水塘

6. 出苗

水温22℃时，受精卵经 30~40 小时孵化脱膜；水温25℃时需 30 小时脱膜；水温 26~28℃ 时需 24~28 小时脱膜。在鱼苗发育至混合营养期（卵黄囊逐渐消失，腰点开始出现），即可下塘饲养或销售，进入鱼苗、鱼种培育阶段。因团头鲂"浦江1号"鱼苗比较嫩、弱，须带水撇苗。

操作如下：将孵化缸的进水水流调小，连水带苗一起拎入集苗箱（图2.15上半图）；静止片刻，污物会沉降到集苗箱底部，然后用白瓷盆将上层鱼苗撇入出苗箱（图2.15下半图）。集苗箱中鱼苗密度高，出苗操作要尽量轻、快，避免鱼苗缺氧浮头。

7. 催产率、受精率和出苗率的计算

团头鲂"浦江1号"人工繁殖的技术措施均围绕提高催产率、受精率和出苗率展开，"三率"的计算对指导其人工繁殖，提高技术水平有着重要意义。

图 2.15　集苗箱

（1）催产率的统计

在团头鲂"浦江 1 号"亲本产卵后，捕出产卵池时，统计产卵亲本尾数（以全产为单位，将半产雌鱼折算为全产）。统计催产率可了解亲本培育水平和催产技术水平。计算公式为：

$$催产率（\%）= \frac{产卵亲本数}{催产亲本数} \times 100$$

全产：产卵后，雌鱼腹部空瘪、腹壁松弛，轻压腹部可能有少量卵粒流出，表明亲本培育良好、成熟度高，催产剂量准确、催产时间和环境条件适宜。

半产：雌鱼腹部有所缩小，但没有空瘪，雌鱼腹部仍较膨胀，可能已排卵，但卵子未能全部产出，原因在于雌鱼性腺发育较差、体质较弱或受伤等。

若此时卵子过熟，应将雌鱼体内的卵子全部挤除，以免腹腔膨胀，造成亲本死亡。另一种情况是雌鱼未完全排卵，仅有部分卵子产出，其余还未成熟。这是由于雌鱼性腺成熟度差或催产剂量不足，应将亲本放回产卵池，一段时间后雌鱼可能再出现产卵。

难产：催产后，雌鱼腹部明显增大、腹部变硬，可能是由于催产剂量过大，卵子遭到破坏；也可能雌鱼对激素敏感，激素进入鱼体内过早产生效应，而卵巢滤泡发育未完成，二者失调造成卵子吸水膨胀。有时见到雌鱼生殖孔红肿，生殖孔被卵块堵住，轻压腹部有混浊并微带黄色液体或血水流出，取卵检查，发现卵子失去弹性和光泽，表明卵巢已经退化。出现这种情况的亲本极易产后死亡，应尽量将亲本腹水和卵子挤出，然后放入水质较好的池塘中精心护理。

未产：催产后亲本在预定时间内不发情或发情不明显，腹部无明显变化，挤压腹部无卵流出，称为未产。雌鱼未产可能是性腺发育差、激素失效或注射剂量过低、催产水温过低或过高等综合因素引起，未产亲本一般不宜强行进行第二次催产，以免对亲本造成伤害。

（2）受精率的统计

团头鲂"浦江1号"受精卵在水温24℃时，6个小时后进入原肠期，此时即可统计受精率。用小盆随机取鱼卵百余粒，放在白瓷盘中，剔除发育不正常鱼卵，进行计数；再将正常鱼卵进行计数，然后按下述公式求出受精率。受精率的统计可衡量催产技术高低，并可初步估算鱼苗生产量。计算公式为：

$$受精率（\%）=\frac{受精卵数}{总卵数}\times100$$

（3）出苗率的统计

在鱼苗移出出苗箱时，常用容量法统计鱼苗数。将鱼苗集于出苗箱一角，缓慢提离水面，用小酒杯或其他小容器快速舀出一杯鱼苗，统计杯中的鱼苗数。

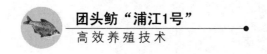

然后，量出鱼苗的总杯数，推算出鱼苗总数。出苗率不仅反映育苗单位孵化工作的优劣，也表明团头鲂"浦江1号"人工繁殖的技术水平。计算公式为：

$$出苗率（\%）=\frac{出苗数}{受精卵数}\times100$$

8. 生产记录

团头鲂"浦江1号"人工繁殖过程要有完善的生产记录，便于生产管理、经验积累并有利于翌年团头鲂"浦江1号"人工繁殖工作的开展，生产记录示例见表2.5。

第四节　团头鲂"浦江1号"鱼苗培育与饲养管理

团头鲂"浦江1号"鱼苗（指卵黄囊消失、鳔充气、能平游并主动摄食阶段的仔鱼）较娇嫩，游动力弱，摄食能力低，且鱼苗本身新陈代谢旺盛。因此，对池塘水体水质条件和培育措施的要求较高。

团头鲂"浦江1号"鱼苗生长至3厘米时，体表已被有大量鳞片（全长24毫米体表开始出现鳞片，全长35毫米以上，全身被满复瓦状鳞片），会增加运输难度，降低运输成活率（区别其他家鱼鱼苗）。因此，团头鲂"浦江1号"鱼苗一般培育至乌仔阶段（全长1.8~2厘米）即分塘或出售。

一、池塘准备

1. 池塘条件

鱼苗培育池塘条件的好坏，会直接影响到鱼苗培育的效果。选择鱼苗培育池塘应有利于鱼苗生长、饲养管理和捕捞等，通常应具备以下条件：

表 2.5　团头鲂"浦江 1 号"育苗生产记录表

品种	日期(月)	天气	来源	组数		体重(千克)	催产池号	第一次注射				第二次注射				效发时间	效应时间	催产率	产卵量	受精率	出苗时间	出苗量	出苗率	亲本去向
				雌	雄			药品	剂量	时间	水温	药品	剂量	时间	水温									

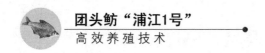
①池塘以长方形、东西走向为宜，长宽比3∶2，面积以2 000平方米为宜。池塘面积太大，水体缓冲作用好，但易受风力影响形成波浪、拍击池岸，使池水浑浊，影响鱼苗生长；且水质较难掌握和调节，管理不便。池塘面积过小，水体缓冲作用小，水温、水质变化大，难以控制；且放养量少，生产效率低而成本高。池水深度在培育初期为0.5～0.7米，中、后期为1～1.3米为宜。

②排灌方便，进、排水分开。在鱼苗培育过程中，根据鱼苗的生长发育和水质变化，需要经常加注新水，调节水体的透明度，改善水体的化学状况，为鱼苗正常生长提供一个舒适的空间。

③池埂牢固，不漏水，以免鱼苗集群顶水影响摄食。底部应平坦，淤泥厚度10～15厘米为宜。应清除杂草、螺蛳、杂鱼等。

2. 池塘清整

鱼苗下塘前要用生石灰或漂白粉清塘，杀灭池塘中有害生物。生石灰清塘后7～10天可放鱼苗，漂白粉清塘后4天可放鱼苗。

（1）干法清塘

将池水排至5～10厘米，每亩生石灰100～150千克或含氯量在30%以上的漂白粉5千克化水溶解全池泼洒。

（2）带水清塘

将池水排至50厘米，每亩生石灰150～200千克或含氯量在30%以上的漂白粉15千克化水溶解全池泼洒。

3. 注水施肥

鱼苗放养前3～7天注水、施肥，注水深度为50～70厘米，注水口应用60～80目双层滤网过滤，防止敌害生物进入。每亩施入发酵有机肥150～200

千克，施肥要兼顾水温、天气等情况。低温多施，高温少施；连续阴雨天和低温要早施，持续晴天和高温要晚施；同时要注意池塘情况，老塘晚施，新塘早施。

二、鱼苗放养

1. 鱼苗质量

鱼体透明无色、光泽鲜亮，规格整齐。在容器中集群游动、行动活泼，手触即散开；轻微搅动水体时，95%以上的鱼苗有逆水能力；将容器中的水倒去，鱼苗在容器底部挣扎，头尾可弯曲成圈状。畸形率小于2%，伤病率小于1%，放养时95%以上的鱼苗全长应达到0.6厘米。下塘的鱼苗规格要整齐，每个池塘应放养同批鱼苗；反之，因鱼苗规格的大小、体质强弱、游泳和摄食能力的差异，会影响鱼苗出塘的成活率和规格。

2. 适水下塘

适水下塘是根据池塘水体中浮游生物繁育的一般特点和团头鲂"浦江1号"鱼苗个体发育中食性转化规律的一致性。池塘水体中各种浮游生物的繁殖速度、出现种类和高峰的时间不同，一般的顺序是：浮游植物和原生动物——轮虫和无节幼体——小型枝角类——大型枝角类——桡足类。团头鲂"浦江1号"鱼苗的食性转化规律是：轮虫和无节幼体——小型枝角类——大型枝角类和桡足类。

因此，团头鲂"浦江1号"鱼苗放养时间以鱼苗在混合营养期和池塘水体中轮虫量达到高峰为宜，此时鱼苗体内卵黄囊尚未全部消失，即能依靠自身营养维持生长，放养后又能及时摄食到适口的小型浮游生物。过早下塘，此时，池塘水体中饵料生物的种类、繁殖时间等与鱼苗饵料的适口性存在差

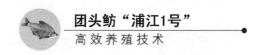

异，而鱼苗活动力弱，摄食能力差，导致鱼苗饵料不足，沉入池底死亡；下塘过晚，池塘水体中以大型饵料生物为主，此时，鱼苗卵黄囊已吸收完毕，鱼体因缺乏营养而消瘦，体表发黑，体质差，成活率低。

3. 放养密度

根据池塘条件、养殖技术、水源等情况灵活确定放养密度。一般每亩放养鱼苗 10 万～15 万尾。高密度培育或鱼苗培养到乌仔阶段即销售或分塘，放养密度可适当增大到 40 万～50 万尾/亩。

鱼苗放养前应进行试水，测定清塘药物药性已完全消失后方可放苗。应选择晴天放养，有风天气在上风处放养；下塘时要注意调节温差，水温差不能超过 ±2℃。具体操作是将装有鱼苗的氧气袋放入池中，并不停翻动氧气袋，同时注意不能在阳光下直晒氧气袋，防止"闷袋"，当袋内、外水温基本一致后才可放苗。

三、饲养管理

1. 水质管理

水质管理要求为"肥、活、嫩、爽"。前期可看水施肥，每次每亩施追肥 50～100 千克。放养 7 天后即加注新水 1 次，每次 10～15 厘米，以后每隔 3～5 天加注新水一次。鱼苗培育前、中期，发现水体中有大型枝角类时，马上用 0.1～0.3 克/米^3 的晶体敌百虫（90%）杀灭，保持池塘水体中浮游动、植物的动态平衡。

鱼苗下塘时处于混合营养期，鱼体娇嫩，摄食能力弱，且生长代谢强度大，生长发育迅速，对水质的要求较高。因此，应定期检测水温、溶氧、pH 值、氨氮、亚硝酸氮等各项指标。确保池塘溶氧充足，最佳溶解氧为

5～8毫克/升；最适 pH 值为 7.5～8.5，pH 值长期低于 7.0 或高于 9.5 都会不同程度的影响鱼苗的正常生长；非离子氨≤0.02毫克/升，亚硝酸盐≤0.1毫克/升。

2. 投饵管理

采用豆浆饲养法，起到即喂鱼又肥水的作用。鱼苗下塘第一天即开始泼洒，前期每天每亩用黄豆 3～5 千克，浸泡后磨浆，豆浆磨成后应立即全池均匀泼洒，以免豆浆产生沉淀影响效果，每天 2～3 次。在连续阴雨天气或水温较低时，水质不易转肥，浮游生物繁殖减缓，影响鱼苗生长，可增加投喂量。每天的投喂量视水体中浮游生物量和鱼苗生长快、慢而增、减。

鱼苗长到 1 厘米后，单用豆浆培养浮游生物已不能满足鱼苗生长所需，可增加豆粕浸泡研磨成的厚浆，投喂于塘边浅滩脚处（20 厘米左右深处）。高密度培育乌仔时，可加投粉状饲料。实践证明，高密度培育团头鲂"浦江1号"乌仔模式时，使用 60～80 目的粉状饲料，其摄食效果和养殖效果均非常理想，具体投饵量根据鱼苗摄食、生长、天气等情况灵活增减。

3. 日常管理

鱼苗培育期间应认真巡塘、仔细观察、强化管理。每天巡塘 3 次，清晨巡塘主要观察水色、鱼苗的活动情况和有无浮头现象，清除敌害和杂草污物；午间巡塘观察鱼苗摄食情况和水色变化；傍晚巡塘主要检查有无残剩饲料、浮头预兆和防逃设施。每天巡塘和饲养管理情况应做好日常记录。

每 3～5 天镜检 1 次鱼苗，观察有无寄生虫等鱼病。鱼苗培育期间常见疾病防治见第四章。

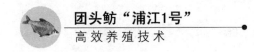

四、练网出苗

1. 练网

经 20 天左右培育，团头鲂"浦江 1 号"鱼苗全长已达到 1.8 ~ 2.0 厘米时，即可拉网锻炼出苗。拉网锻炼是鱼苗出池前必要的准备工作，在出池前的 2 ~ 3 天，要拉网锻炼 2 次。目的是使鱼苗适应密集的环境，以利于出塘计数和运输，而且还能检查鱼苗的生长情况，估计鱼苗的产量，便于作好分配计划。拉网前一天，应停止投饵，要掌握"雨天不动网，鱼苗浮头不动网，鱼苗贴网不动网"的三不动网原则。时间要选择在晴天上午和池塘水体高溶解氧状态下进行。拉网时要迎风拉，拉网速度要慢，操作细心。

2. 出苗

出苗时将鱼苗移送至有淋水、增氧设备的暂养箱暂养，暂养密度为 10 万 ~ 20 万/米^3。移送过程切忌离水操作。暂养时间为 12 小时。经暂养，淘汰体质差、活动能力弱的鱼苗，并促使鱼苗排出体内代谢废物，减少运输过程中产生的应激反应，提高成活率。同时，应用鱼筛把不同规格的鱼苗分开，确保同一批次的鱼苗规格整齐。鱼筛构造和主要规格见图 2.16 和表 2.6。暂养后"赶箱"，分离体质弱或死亡的鱼苗（图 2.17）。

表 2.6　鱼筛主要规格

筛号	四朝半	五朝	五朝半	六朝	六朝半	七朝	七朝半
筛眼间距（厘米）	0.19	0.20	0.22	0.25	0.28	0.32	0.35

团头鲂"浦江 1 号"鱼苗比较娇嫩，运输过程尤其长途运输时对其成活率有很大影响，所以对鱼苗的运输应引起重视，作为生产中的一项重要工作

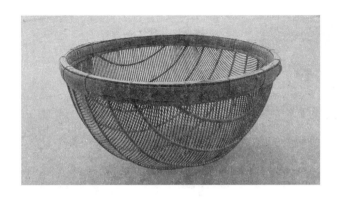

图 2.16　鱼筛

图 2.17　赶箱

来抓，运输前准备工作要充分。一般采用氧气包运输，鱼苗入袋、充氧、扎口后，应放入与氧气包相配套的泡沫箱和纸箱内（图 2.18）。装载密度根据鱼体大小、运输时间、温度等情况来决定。也可作耐氧试验，确定安全密度后再运输。

图 2.18 运输用泡沫箱和纸箱

第五节 团头鲂"浦江1号"鱼种培育与饲养管理

一、鱼种来源

鱼种(指鱼苗生长发育至全体披鳞、鳍条长全,外观已具有成体基本特征的幼鱼):由团头鲂"浦江1号"鱼苗培育的鱼种。在具有团头鲂"浦江1号"繁育资质的国家级良种场购买是最佳途径。

二、池塘准备

池塘面积以 3 335 米^2 为宜,有效水深 1.5 米以上,淤泥厚度 15~20 厘米为宜。每 2 000~3 500 米^2 配备 3 千瓦增氧机 1 台,每 3 500 米^2 池塘配备自动投饵机 1 台。鱼种池的清整、注水、施肥等同鱼苗培育池,这些准备工作应在鱼苗下塘前全部完成。

三、鱼种放养

1. 鱼种质量

规格整齐、体形肥满匀称、鳞片完整、鳍条无损伤、体表光滑、有黏液、色泽正常、游动活泼，无畸形、无损伤，各种规格的鱼种重量应达到表 2.7 数值。不带有任何传染性、危害大的疾病。

表 2.7　团头鲂"浦江 1 号"鱼种全长和重量关系

体重 b ＼ 长度 c ＼ 长度 a	0.0	0.1	0.2	0.3	0.4	0.5	0.6	0.7	0.8	0.9
1	~	~	~	~	0.1	0.1	0.1	0.1	0.1	0.1
2	0.2	0.2	0.2	0.3	0.3	0.3	0.4	0.4	0.5	0.5
3	0.6	0.7	0.7	0.8	0.9	0.9	1.0	1.1	1.2	1.3
4	1.4	1.5	1.6	1.8	1.9	2.0	2.2	2.3	2.4	2.6
5	2.8	2.9	3.1	3.3	3.5	3.7	3.9	4.1	4.3	4.6
6	4.8	5.0	5.3	5.6	5.8	6.1	6.4	6.7	7.0	7.3
7	7.6	8.0	8.3	8.7	9.0	9.4	9.8	10.2	10.6	11.0
8	11.4	11.9	12.3	12.8	13.2	13.7	14.2	14.7	15.2	15.8
9	16.3	16.9	17.4	18.0	18.6	19.2	19.8	20.4	21.1	21.7
10	22.4	23.1	23.8	24.5	25.2	26.0	26.7	27.5	28.3	29.1

注：a：全长的整数部分，单位厘米；b：单位克；c：全长的分数部分，单位厘米。

2. 放养密度

放养密度要根据池塘条件、饲料情况、出塘规格要求、养殖方式等综合考虑。可采用主养和混养两种不同的养殖模式见表 2.8。

表2.8 团头鲂"浦江1号"鱼种放养密度

	放养种类	放养规格（厘米）	放养密度（尾/亩）
主养	团头鲂"浦江1号"乌仔	1.6～2.0	6 000～8 000
	团头鲂"浦江1号"夏花	2.0～3.0	
	白鲢夏花	3.0	400
	花鲢夏花	3.0	200
	鲫鱼夏花	3.0	1 000
混养	团头鲂"浦江1号"夏花	2.0～3.0	3 000～5 000
	白鲢夏花	3.0	2 000
	花鲢夏花	3.0	1 000
	鲫鱼夏花	3.0	1 000

（1）主养模式

每亩可放养规格为1.6～2.0厘米的乌仔或2.0～3.0厘米的夏花6 000～8 000尾。团头鲂"浦江1号"抢食能力较其他套养鱼种弱，在主养团头鲂"浦江1号"时，其放养时间应比其他套养夏花鱼种提前15天，以避免套养品种的鱼种早期个体大、抢食凶，而影响团头鲂"浦江1号"乌仔或夏花的正常摄食和生长，造成其出塘规格过小或规格不均。当团头鲂"浦江1号"乌仔或夏花形成集群上浮的摄食习性后，再将套养规格均为3厘米左右的鲢鱼夏花400尾左右、鳙鱼夏花200尾左右和鲫鱼夏花1 000尾左右下塘。

（2）混养模式

每亩放养3 000～5 000尾团头鲂"浦江1号"鱼苗，规格均为3厘米左右的鲢鱼夏花2 000尾左右，鳙鱼夏花1 000尾左右和鲫鱼夏花1 000尾左右。

主养与套养的鲢鱼鱼种应符合GB/T 11777—2006（附录2）的要求；鳙鱼鱼种应符合GB/T 11778—2006（附录3）的要求。

鱼苗放养前必须试水，以测定清塘药物药性是否已完全消失。放养应选择晴好天气进行。长途运输的夏花下塘时，要注意调节温差，水温差不能超过±2℃。

四、饲养管理

1. 水质管理

定期检测池塘养殖水体水质，平时每周 1 次，高温季节每周 2 次，发现问题及时采取措施。池塘水体溶解氧保持在 4 毫克/升以上，透明度保持在 25 ~ 40 厘米，pH 值在 7 ~ 8.5，非离子氨 ≤ 0.02 毫克/升，亚硝酸盐 ≤ 0.1 毫克/升。水质调节的措施：

（1）注换水

鱼苗放养时水深控制在 1 米左右，水体透明度 25 ~ 30 厘米为宜；随着鱼种的生长，逐步加深水位，8 月初水位上升到 1.5 米左右，水体透明度控制在 30 ~ 40 厘米为宜。前期以注水为主，每周注水一次，每次 10 ~ 15 厘米。水位达到 1.5 米后，则以换水为主，每 10 ~ 15 天换水一次，每次 20 ~ 30 厘米，高温季节 30 ~ 50 厘米。

（2）使用微生态制剂

可根据水体条件按要求施用，使有益菌类占领水体绝对空间，抑制有害菌的繁衍与生长。养殖期间每 20 天全池泼洒 EM 菌一次，以改善水质。每月用 20 ~ 25 千克/亩生石灰消毒一次，生石灰溶解后滤去残渣，全池泼洒，调节水质。

（3）合理使用增氧机

鱼种培育中、后期，耗氧量增大，要按照增氧机使用要求适时开机增氧，满足鱼种对溶解氧的需求。

2. 投饲管理

（1）投饲方法

鱼苗放养后，前期先用豆粕和菜饼磨浆，沿塘边泼洒并逐渐收拢至投料

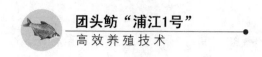

机附近，俗称"笃滩"。然后，自动投饲机投喂破碎料驯化，使其集群、上浮摄食。驯化时间应不低于 7 天，确保绝大部分鱼集群、上浮摄食，以免起捕时鱼种规格不齐，影响经济效益。中、后期用自动投饲机投喂颗粒饲料。投饲机应安装在木板或其他材料搭建的固定"水桥"上，"水桥"应延伸至距塘埂 2 ~ 3 米外的池塘内。在投饵的前期，投喂量要少，将投饲机投喂间距调至（11 ~ 17 秒/次），驯食工作完成后，逐步调整投饵量，将投饲机投喂间距调至（3 ~ 7 秒/次）。

（2）投饵量

每天投喂 3 ~ 4 次，日投饵量一般为鱼体重的 3% ~ 8%，每天检查摄食情况，定期测定鱼体生长情况，并根据摄食、规格、天气、水温变化等情况灵活掌握投饵量。

（3）饲料质量

饲料质量应符合 NY 5072—2002 和 GB 13078—2001 的规定。饲料的营养成分应满足团头鲂"浦江 1 号"生长的需要，饲料粗蛋白含量要求在 30% ~ 32%；饲料经 80 目超微粉碎；水中稳定性 2 ~ 5 分钟。饲料粒径大小应适合鱼种口径（表 2.9），易于吞食，随鱼体增长逐步加大。

表 2.9　团头鲂"浦江 1 号"鱼种饲料粒径配置

项目	要求			
鱼种规格（克）	10	25	50	100
饲料粒径（毫米）	0.5	1.5	2.0	2.5

五、鱼病管理

应坚持"预防为主、防治结合"的原则。团头鲂"浦江 1 号"鱼种常见疾病主要有车轮虫病、锚头蚤病和细菌性肠炎，其发病原因、症状及防治方法详见第四章。

六、日常管理

每天早、中、晚巡塘各一次，清晨巡塘主要观察鱼类的活动、有无浮头和渔机设备是否正常运转，清除敌害和杂草污物；午间巡塘，观察鱼类摄食情况便于下午调整投饵量；傍晚巡塘，主要检查有无残剩饵料和水色变化，有无浮头预兆，便于晚上作好应急措施。正确开启增氧机，做到：晴天午后开，阴天清晨开，连绵阴雨半夜开，傍晚不开，浮头早开。

第三章
团头鲂"浦江1号"成鱼养殖

团头鲂"浦江1号"成鱼养殖是指从鱼种养成商品鱼的过程，是池塘养殖的最后一个生产环节。以往养殖生产中大多将团头鲂作为搭配品种进行混养。近年来，随着养殖技术的不断提高，尤其是配合饲料、养殖机械的应用和养殖结构调整的推动，团头鲂的养殖逐步发展为主养，且以池塘主养和网箱主养为重点。

第一节　池塘养殖

一、池塘环境条件

池塘是团头鲂"浦江1号"的生活环境，是其生活和生长发育的场所，池塘条件与其生活和生长有着密切关系。池塘水体相对封闭，可人为控制养殖水体水质，充分发挥池塘水体生产潜力。因此，掌握池塘环境条件的变化规律，了解池塘水质因子的变化规律和彼此间的相互关系以及团头鲂"浦江1号"对水质各因子的要求，有助于养殖者提高认识并自觉地对养殖池塘进行及时和持续的调控与管理。可见，提出更适宜于团头鲂"浦江1号"生长的要求，对提高团头鲂"浦江1号"产量具有十分重要的现实意义。

1. 池塘水温

池塘水温是养殖鱼类的重要环境条件之一。水温不但直接影响鱼类的生存及摄食等活动，也通过对其他环境条件的影响而间接影响鱼类的生长，几乎所有的池塘环境条件都受温度的制约。因此，进行团头鲂"浦江1号"养殖，首先要考虑水温。水温直接关系到团头鲂"浦江1号"的代谢强度，从而影响其摄食和生长。在团头鲂"浦江1号"适宜生长的水温范围内，随着水温的上升，新陈代谢加快，摄食量增加，生长旺盛。

水温还影响池塘水体溶氧量，间接影响团头鲂"浦江1号"生长。水温升高，池塘水体氧气的饱和溶解度下降，水体溶解氧相对减少；团头鲂"浦江1号"代谢增强，呼吸加快，耗氧率升高；再加上池塘水体中其他耗氧作用也在增强，导致易发生水体缺氧。夏、秋高温季节特别明显，必须引起注意。

池塘水温随气温的变化有明显的昼夜变化、垂直变化和季节变化。

（1）昼夜变化

由于水自身的热学特性，使池塘水温变化与气温有所不同。通常情况下，白天水温低于气温，而晚上水温则高于气温；水温的变化幅度比气温小，一天的平均温度，水温高于气温。昼夜交替过程中，下午 14:00—15:00 水温最高，黎明时分水温最低。

（2）垂直变化

由于水的透热性和传热性很小，白天表层水温上升较快，并随水深增加而减慢。在夏、秋季节，对于养殖水体较深的池塘，上、下层水温的差异非常明显，温差大致有 2～3℃ 或更大。到了夜间，这种差异会随着水的对流和风力的作用而逐渐缩小，到天亮前上、下层水温基本趋于一致。据对面积为4 700平方米、水深为2.5米的精养池塘测定表明，当表层水温为30℃，下层水温为29℃，上、下层水温差为1℃，需7级风，才能克服水的热阻力进行对流，使上、下层水温趋于一致（王武，2000）。

（3）季节变化

水温周年变化比气温小。一般7—8月水温最高，1月水温最低，最高值及最低值比气温要晚一段时间出现，但与气温相差不大。

2. 溶解氧

生产实践上，水体溶解氧含量过高或过低对养殖对象都存在危害。池塘养殖水体溶解氧过饱和（达到14.4毫克/升以上），鱼类易患"气泡病"，此种现象极少见，但溶解氧过低对养殖鱼类造成的直接或潜在的危害更为普遍。

团头鲂"浦江1号"不耐低氧，在池塘养殖中极易缺氧，成为限制其产量的主因。一方面影响到团头鲂"浦江1号"的生长发育、摄食吸收和生存活动，团头鲂"浦江1号"摄食和生长的适宜溶解氧为5~8毫克/升。溶解氧充足，团头鲂"浦江1号"摄食量大，对饲料的利用率高，生长速度快。反之，溶解氧不足，团头鲂"浦江1号"摄食强度和饲料消化率降低，饵料系数提高，生长缓慢，抗逆性（如抗病性）下降。另一方面溶解氧对有机物的分解、毒害物质（例如：氨氮、亚硝酸盐和硫化氢等）的降解和池塘物质循环也起着重要作用。溶解氧充足，氧气能直接氧化水体和底质中的有毒、有害物质，降低或消除其毒性；溶解氧不足，则为厌氧菌提供了繁殖的条件，从而分解有机物生成硫化氢、氨等有害气体，严重时可引起水质恶化。因此，重视池塘溶解氧和改善池塘溶解氧状况是团头鲂"浦江1号"养殖取得高产的重要措施之一。养殖水体的溶解氧在一天24小时中，必须有16个小时以上时间大于5毫克/升，任何时间不得低于3毫克/升。

在池塘养殖中，水体中的溶解氧主要来源于浮游植物光合作用放氧、人工增氧（机械增氧、化学增氧等）和大气中氧气的自然溶入，但在不同条件下上述几种增氧作用所占的比例也各不相同。富营养型静水池塘以光合作用增氧为主，高密度精养池塘以人工增氧为主，贫营养型水体及流动水体以大气溶解增氧贡献较大。

水体中溶解氧的消耗可分为生物耗氧、化学耗氧和物理耗氧。生物耗氧包括水体中动物、植物和微生物的呼吸作用所消耗的溶解氧，大多数情况下，水体中的浮游生物和底栖生物呼吸耗氧占据池塘耗氧的绝大部分。化学耗氧包括水体中有机物的氧化分解和无机物的氧化还原耗氧。物理耗氧主要指水体中溶解氧向空气中逸散，只占据很小部分，这一过程仅限于水—气界面进行。

溶解氧的重要变化规律有四个：包括水平、垂直、昼夜和季节变化，其中以昼夜、垂直和水平变化对池塘养殖影响较大。

（1）昼夜变化

白天阳光辐照度强，池塘水体中的浮游植物进行光合作用，吸收水体中的二氧化碳，放出大量的氧气，使水体中的溶解氧增加，在晴天 14：00—16：00溶解氧达到最高峰。夜间，水体中的浮游植物停止光合作用，并吸收氧气，放出二氧化碳。而且水体中各种生物的呼吸作用和细菌对有机物的分解等作用，使水体中的溶解氧急剧下降，至黎明前达到最低点。此时，易引起鱼类因缺氧而浮头。在养殖过程中，清晨要加强对池塘的观察。

（2）垂直变化

由于受到光照强度的影响，池塘水体的溶解氧在垂直方向上有一定的变化规律，特别是在夏季的晴天表现较为明显。白天池塘的上层水体的光照强度比下层水体强，且上层水体浮游植物多，下层水体相对较少，上层水体浮游植物光合作用的强度和产氧量比下层水体高。由于热阻力，上、下层水体

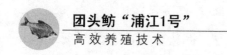

不易对流,下层水体的溶解氧被消耗后得不到及时的补充,导致上层水体溶解氧饱和甚至过饱和,而下层水体的溶解氧却较低。

下层水体的溶解氧到夜间随着水体对流得到补充。一般日出后上、下水层的氧差逐渐增大,下午氧差最大,日落后逐渐减少,清晨氧差最小。对此,需要及时对池塘各层水体的溶解氧进行测定,并根据测定情况采取及时有效的措施,促进上、下层水体形成对流,进而增加下层水体的溶氧量。

(3)水平变化

池塘水体溶解氧的水平分布不均匀,主要是受风力的影响。在风力的作用下,下风位处的水体中浮游生物和有机物比上风位处多。原因为:晴天下风处浮游植物产生的溶氧量和从空气中溶入的氧量都比上风处多。风力越大,上、下风处溶解氧含量的差别越大。夜间溶氧的水平分布恰与白天相反,上风位处溶氧大于下风处,这是因为在下风处浮游生物和有机物较多,耗氧量也多。清晨池塘鱼类浮头一般总是趋向于上风处。

3. 氨氮

池塘养殖水体中的氨氮来源主要有以下三个方面:鱼类的排泄物、残饵等含有大量蛋白质,被池塘中的微生物分解后形成氨基酸,再进一步分解成氨氮;养殖水体中氧气不足时,水体发生反硝化反应,亚硝酸盐、硝酸盐在反硝化细菌的作用下分解而产生氨氮;鱼类向水中排出体内的氨氮。

水体中氨氮的存在形式以及对鱼类的毒性会随着环境的变化发生明显变化。水体中氨氮以离子铵(NH_4^+)和非离子态氨(NH_3)两种形式存在,二者平衡反应方程如下:

$$NH_3 + H_3O^+ \longleftrightarrow NH_4^+ + H_2O$$

两者组成比取决于水体的 pH 值和水温。对鱼类起危害作用的主要是分子氨,其毒性比离子铵大几十倍。非离子态氨所占的比例随着水温和 pH 值的升高而急剧增加见（表 3.1），非离子态氨（NH_3）通过鳃进入鱼类体内时，会直接增加鱼类氨氮排泄的负担，氨氮在血液中的浓度升高，血液 pH 值随之相应上升，鱼类体内多种酶的活性受到抑制，破坏鳃表皮组织，降低血液的携氧能力，导致氧气和废弃物交换不畅而窒息。在池塘养殖中，非离子态氨（NH_3）浓度应小于 0.02 毫克/升，当非离子态氨浓度达到 0.05～0.2 毫克/升时，会造成养殖鱼类的免疫力和抵抗力下降，摄食减少、生长缓慢，易发生疾病。当非离子态氨（NH_3）浓度大于 0.2 毫克/升时，会造成养殖鱼类中毒，严重时导致死亡。在养殖过程中，水体中的氨氮含量可通过使用增氧机、微生态制剂、加注新水等措施进行控制。

表 3.1　水中非离子态氨占总氨的百分比（引自《池塘养殖学》，1980）

水温（℃）	pH 值						
	6	7	8	8.5	9	9.5	10
25	0.05	0.49	4.7	13.4	32.9	60.7	83.1
15	0.02	0.23	2.3	6.7	19.0	42.6	70.1
5	0.01	0.11	0.9	3.3	9.7	25.3	51.7

4. 亚硝酸盐

亚硝酸盐毒性较强，直接影响着养殖鱼类生长和质量。作用机理主要是使鱼类血液输送氧气的能力下降，亚硝酸盐能促使血液中的血红蛋白转化为高铁血红蛋白，失去和氧结合的能力，导致耗氧量高的组织缺氧，膜通透性改变，组织浊肿，溶酶体膜裂解，组织自溶性提高、空泡化及坏死等组织病理变化，造成鱼类缺氧死亡。

对团头鲂成鱼和一龄鱼种试验结果表明（夏华等，2013；王明学等，1997）：其体内血液中的高铁血红素的百分比含量随水体中的亚硝酸盐浓度升高而上升的，当亚硝酸盐浓度达到2.5毫克/升时，耗氧率达最大值；在低于2.5毫克/升时，鱼体可以通过自身的生理调节来弥补载氧能力不足，表现呼吸加快，活动增强，耗氧量增加；当超过2.5毫克/升时，鱼体的生理代谢功能不足，出现中毒症状。在养殖过程中，水体中亚硝酸盐要求≤0.1毫克/升，亚硝酸盐含量过高可通过使用增氧机、微生态制剂、加注新水和泼洒二氧化氯等措施进行控制。

5. pH 值

pH 是养殖水体的一个综合指标，它主要与水体中的 $CO_3^2 - HCO_3 - CO_2$ 缓冲体系及 $Ca_2^+ - CaCO_3$ 固体缓冲系统有密切关系，并与有机酸、腐殖质缓冲系统有一定相关性。因此，水体中的 pH 值会随着水体的硬度和二氧化碳的增减而变动。池塘中 pH 值通常随着日出逐渐上升，至下午 16：30—17：30（也有在 13：00 左右）达到最大值，在日落时开始持续下降，直至翌日日出前降至最小值，如此循环反复。池塘中 pH 值的日正常变化范围为 1 ~ 2，pH 值的变化对养殖水产动物和水质均有很大的影响。

对养殖鱼类的影响：pH 值过低（酸性水，pH 值低于 6.5），可使养殖鱼类的血液 pH 值下降，削弱其载氧能力，造成生理缺氧症，尽管水体不缺氧但仍可使鱼"浮头"；由于耗氧降低，代谢急剧下降，尽管食物丰富，鱼类仍处于饥饿状态。pH 值过高的水体则易腐蚀鳃组织，可引起养殖鱼类大批死亡。

对水质的影响：pH 值过低，即在酸性的水环境中，细菌、大多数藻类和浮游动物的发育受到影响，硝化过程被抑制，光合作用减弱，水体物质循环强度下降。按硫化氢的离解常数计算，当 pH 值为 7 时，水体中 H_2S 和 HS^- 几乎各占一半，pH 值低于 6 时，水体中 90% 以上的硫化物以 H_2S 的形式存在。pH 值高于 8，大量的 NH_4^+ 会转化成有毒的 NH_3（表 3.1）。总之，过高或过低的 pH 值均会使水体中微生物活动受到抑制，有机物不易分解，会增大水中有毒物质的毒性。池塘养殖水体的 pH 值应保持在 7~8.5。

6. 硫化氢

硫化氢（H_2S）是一种可溶性有毒性气体，有两个主要原因导致产生硫化氢：①存在于养殖池底中的硫酸盐还原菌在厌氧条件下分解硫酸盐；②异氧菌分解残饵、粪便中的有机硫化物。硫化物与泥土中的金属盐结合形成金属硫化物，致使池底变黑，这是硫化氢存在的重要标志。硫化氢在水体中通常以 HS^- 和 H_2S 两种形式存在。

养殖水体中硫化氢的浓度大于 0.1 毫克/升时，鱼类的生长速度、活动力和抗病能力都会减弱。当硫化氢浓度升高至 0.5 毫克/升时，会严重破坏鱼类的中枢神经，硫化氢与鱼类血液中的铁离子结合使血红蛋白减少，降低血液载氧功能，导致鱼类呼吸困难，甚至中毒死亡。水体中的硫化氢的浓度应严格控制在 0.1 毫克/升以下。

二、池塘条件

池塘条件的优劣会直接影响成鱼的生长及产量。良好的池塘应具备以下几个方面的要求。

1. 面积和水深

作为成鱼养殖池塘，面积以 3 335~6 670 平方米为宜。面积过小，水质不稳定，水的对流性差，不利于养殖生产，影响鱼的产量；反之，面积过大，不利于拉网操作及饲养管理，尤其对鱼病的防治工作增加难度。

团头鲂"浦江1号"成鱼养殖池塘水深以 1.8~2.5 米为宜，有利于发挥增氧机的增氧和水体生产力。水体过浅，池塘有限空间未得到利用，并限制

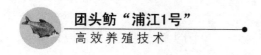

了鱼类的生长、发育，易发生、传播疾病；过深，下层水体光照强度弱，浮游植物数量少，光合作用产生的氧量少，且阻碍池塘水体的上、下水层对流，易形成水体的分层现象，从而影响池塘的物质循环与初级生产力。

2. 水源和水质

池塘进、排水方便，进水水源要求水量充沛，水质符合 GB 11607—1989（附录4）渔业水质标准，pH 值 7.0 ~ 8.5，无异色、异味，水面无明显油膜或浮沫，进、排水渠道要分开，进水口与出水口应尽量远离，进水渠道宜采用明渠，闸门要完好，进水口需安装过滤设施。

3. 池塘形状和底质

池塘需池形整齐，以东西长、南北宽的长方形池塘为佳（鱼池向阳，光照充足）。长方形的池塘便于拉网操作及饲养管理，池塘东西走向有利于光照及风力增氧。风浪是池塘水体运动的主要动力之一，对养殖生产具有很大的实际意义。

池塘底部平坦，无水草丛生，淤泥厚度≤20厘米为宜。适量的淤泥具有一定的保肥作用和缓冲水质的效果，但淤泥过厚不利于养殖生产，池底过多的腐殖质会大量消耗水体中溶解氧，促使水体呈酸性，对鱼类生长不利。

三、池塘准备

1. 清塘

清塘主要是利用药物杀死野杂鱼、敌害生物和鱼类的寄生虫、病原菌。最常用的两种方法是生石灰清塘和漂白粉清塘，时间一般在冬季。

（1）生石灰清塘

生石灰清塘又分干法清塘和带水清塘，如果条件允许最好用干法清塘。干法清塘：先将池水排至 10 厘米左右，用生石灰 100～150 毫克/升化水全池泼洒（包括塘坡）；带水清塘：将池水排至 0.5 米左右，用生石灰 200～250 毫克/升化水全池均匀泼洒，生石灰清塘后 10 天可放养。

（2）漂白粉清塘

漂白粉清塘药效消失快，适宜于塘口安排较急池塘。目前，多采用干法清塘，用量为 20 毫克/升，用药时，操作人员应该注意防止药剂入口。漂白粉清塘后 4 天可放养。

2. 注水施肥

放养前一周注水 1 米左右，较浅的水体，在养殖早期可促进池塘水体浮游生物的繁殖，同时也有利于提高水温。可根据水温和鱼种生长情况逐步提升水位。注水口需用 60～80 目筛网过滤，防止敌害生物进入。为培育天然饵料每亩施入经发酵的有机肥 200～500 千克。肥料应符合 NY/T 394 绿色食品肥料使用准则的要求。

3. 增氧机械

目前使用较多的几种养殖增氧机械中，除了传统的叶轮式增氧机外，还针对不同的养殖对象及不同的养殖模式研发的多款不同类型的增氧机。专门针对水层循环交换的耕水机、能在较小范围内快速改善水质的涌浪机、适合浅水小鱼塘的水车式增氧机、适合高密度深水鱼池的射流式增氧机以及底部静态增氧的微孔曝气式增氧机等（图 3.1）。叶轮式增氧机能满足增氧和不同水层的水体交换，在池塘养殖中使用得最为广泛。一般每 2 000～3 335 平方米配备 1 台 3 千瓦的叶轮式增氧机，有条件可安装溶氧自动控制器（图 3.2）。

图 3.1 增氧机械（1 和 2 来源于金湖小青青公司网站；3 来源于喃嵘水产公司网站）

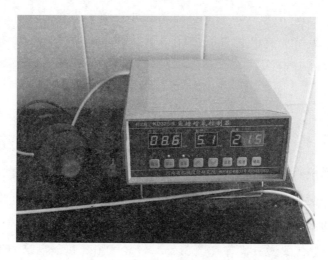

图 3.2 溶氧自动控制器

团头鲂"浦江1号"
高效养殖技术

四、鱼种放养

1. 鱼种消毒

鱼种放养前，必须进行药浴消毒，以把好鱼病防治第一关。在消毒前，认真做好病原体检查工作，针对病原体的不同种类，选择适当的方法进行消毒处理，以达到最佳效果，从而降低成鱼养殖过程中的发病率。常用的鱼种消毒方法有以下几种。

（1）高锰酸钾溶液

$10 \sim 20$ 克/米^3 高锰酸钾浸浴 $5 \sim 10$ 分钟，可杀死三代虫、指环虫、车轮虫、斜管虫等，对预防锚头蚤病也有效。高锰酸钾属强氧化剂，高浓度浸洗鱼体时极易灼伤鱼体皮肤和鳃，应特别小心，尽量将浓度掌握准确。高锰酸钾在阳光下易氧化而失效，使用时，不宜在阳光直射下进行。

（2）食盐

用含盐量 $3\% \sim 5\%$ 的盐溶液浸浴 $5 \sim 10$ 分钟，预防鱼类细菌性疾病和某些寄生虫如车轮虫、斜管虫等引起的鱼病。

（3）敌百虫

用 $2‰$ 敌百虫（90% 晶体）溶液浸洗 $10 \sim 15$ 分钟，预防指环虫病、三代虫病等。

鱼体消毒时浸洗时间长，对病原的杀灭较彻底。但时间过长，水中溶氧不足，会引起鱼种浮头或死亡。所以在操作过程中要特别注意鱼种的活动情况，出现躁动、浮头等不良症状时，应立即将鱼种放养至养殖池塘内。

2. 鱼种放养时间

鱼种放养时间宜早不宜晚。一般在冬天放养，这时鱼种活动力弱，鳞片

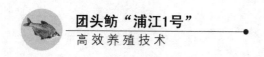
紧密，不易损伤，同时可以降低鱼种发病率，并可延长其生长期。放养应避免在气温低于0℃时或冰雪天进行，以免冻伤鱼体。

3. 养殖模式

合理的养殖模式可以充分发挥池塘的养殖空间，增加单位水体的载鱼量，降低饵料系数，保持池塘水质优良，减少病害发生，提高养殖经济效益。因此，养殖团头鲂"浦江1号"要取得良好的经济效益，需因地制宜选择适当的养殖模式，包括放养规格、放养数量、搭配品种等，以及良好饲养管理。池塘养殖团头鲂"浦江1号"主要有以下模式：

（1）团头鲂"浦江1号"夏季养成模式

团头鲂"浦江1号"夏季养成模式的关键在于大规格鱼种的培育，利用团头鲂"浦江1号"的生长优势，反季节上市，即在鱼价最高时段上市团头鲂"浦江1号"商品鱼（热水鱼），以取得理想的养殖经济效益。

冬季放养团头鲂"浦江1号"鱼种，鱼种放养密度和放养规格见表3.2，7月底避峰上市销售，主体鱼产量≥1 000千克/亩。从资金投入和市场销售分析，夏季养成模式能加快资金周转，最大限度地降低养殖成本和减少销售风险。

表3.2　鱼种放养规格和密度

品种	规格（克/尾）	鱼龄	数量（尾/亩）
团头鲂"浦江1号"	≥150	1龄	1 800～2 000
鲢	≥250	1龄	40
鳙	≥250	1龄	30
鲫	≥100	1龄	200

（2）团头鲂"浦江1号"秋季养成模式

团头鲂"浦江1号"秋季养成模式的鱼种放养规格和放养密度见表3.3。于9月达到上市规格，即可上市销售，主体鱼产量≥1 200千克/亩。

表3.3　鱼种放养规格和密度

品种	规格（克/尾）	鱼龄	数量（尾/亩）
团头鲂"浦江1号"	≥75	1龄	2 000～2 500
鲢	≥250	1龄	100
鳙	≥250	1龄	50
鲫	≥100	1龄	200～300

（3）团头鲂"浦江1号"两茬养殖模式

团头鲂"浦江1号"两茬养殖模式为夏季养成模式的商品鱼上市后、利用8—12月池塘闲置期培育鱼种、提高池塘利用率的模式。7月底或8月初成鱼起捕后放养团头鲂"浦江1号"规格为50～80克/尾的夏花鱼种3 000尾/亩，一龄鱼种产量≥550千克/亩。既获得了高产的商品鱼，当年产生经济效益，又培育了翌年的大规格鱼种。由于放养夏花鱼种时气温高，不宜进行长途运输，操作要细致。

（4）团头鲂"浦江1号"冬季养成模式

团头鲂"浦江1号"冬季养成模式的鱼种放养规格和密度见表3.4。于12月上市销售或翌年春季上市销售，主体鱼产量≥1 500千克/亩。此模式单位水体载鱼量高，伴随着高风险、高投入、高产出。要求：高质量的水源、高素质的技术人员、高效率的增氧设施、严谨的科学管理制度。

表 3.4 鱼种放养规格和密度

品种	规格（克/尾）	鱼龄	数量（尾/亩）
团头鲂"浦江1号"	≥50	1 龄	2 500 ~ 3 000
鲢	150 ~ 250	1 龄	100
鳙	150 ~ 250	1 龄	50
鲫	50 ~ 100	1 龄	200 ~ 300

（5）团头鲂"浦江1号"两次上市模式

团头鲂"浦江1号"两次上市模式是结合休闲垂钓渔业对大规格团头鲂商品鱼需求旺盛且价格高的市场现状，通过试验、中试、推广及单位水体产量的经济效益分析，探索的一种团头鲂"浦江1号"新型养殖模式。在夏季市场价格高峰期时上市部分团头鲂"浦江1号"商品鱼（热水鱼），剩余部分养成大规格商品鱼年底供应垂钓市场。

冬季放养团头鲂"浦江1号"鱼种，平均规格≥150克/尾，放养密度为1 800 ~ 2 000尾/亩，翌年7月底或8月初热水鱼养成上市，可根据市场价格波动调整上市比例，剩余养成大规格商品鱼年底上市。主体鱼产量≥1 300千克/亩。团头鲂"浦江1号"两次上市模式产量高、售价好、池塘利用率高、单位水体载鱼量均衡、风险小。

（6）团头鲂"浦江1号"套养名优品种模式

团头鲂"浦江1号"套养名优鱼类模式，是池塘主养团头鲂"浦江1号"，以搭配鲫、鲢、鳙为主，适当套养一定比例的鳜鱼、黄颡鱼、翘嘴鲌、鲈鱼、河蟹、淡水石斑、花鱼骨等名优品种。此模式，即充分利用池塘中的天然饵料和野杂鱼等饵料资源，又增加名优品种产量，减少了水体耗氧及颗粒饵料的消耗，改善池塘中的生态环境，提高养殖经济效益。该模式的优点：一是风险小或无风险，套养的名优品种无论产量高低对生产者经济效益影响不大；二是套养名优品种数量少，投入少，收益高；三是养殖技术比较成熟，养殖方式较易掌握。

目前，随着套养的名优品种越来越多，团头鲂"浦江1号"套养名优品种的模式也越来越广。以鳜鱼、黄颡鱼、河蟹为例，模式如下：

①套养鳜鱼

鳜鱼为底栖凶猛肉食性鱼类，不耐低氧。套养鳜鱼以翘嘴鳜为好，翘嘴鳜生长快，个体大，易于养殖。鳜鱼鱼种放养时间一般在6月，放养规格5厘米以上，每亩套养30~50尾；或早春每亩套养体重30~50克的冬片鱼种15~25尾见表3.5。套养鳜鱼的成活率和商品率均为80%左右，平均产量10~20千克/亩，平均增收300~500元/亩。

表3.5　鱼种放养规格和密度

品种	规格（克/尾）	放养时间	数量（尾/亩）
团头鲂"浦江1号"	≥100	冬季	1 500~1 800
鲢	150~250	冬季	50~100
鳙	150~250	冬季	30~50
鲫	50~100	冬季	100~200
鳜鱼	>5厘米	6月	30~50
	30~50	早春	15~25

套养鳜鱼注意事项：鳜鱼对部分药物较为敏感，尤其在高温季节，在防治鱼病时应考虑对鳜鱼是否有应激反应；鳜鱼鱼种套养密度应视池塘内天然野杂鱼的数量和规格而定。在鳜鱼鱼种放养前，应对往年池塘中饵料鱼的数量作一次调查分析，然后决定放养鳜鱼密度，但最多不超过50尾/亩；注重饵料鱼的培养与饲喂，套养的鳜鱼以池塘内野杂鱼为饵即可。但到养殖后期，随着池塘内野杂鱼数量的减少、鳜鱼摄食量的增加，饵料鱼将成为制约鳜鱼产量的主要因素，应因地制宜地采用多种途径补充饵料鱼。可根据池塘中饵料鱼的情况定期或不定期的补放一定数量的夏花鱼种，也可冬季放养少量二

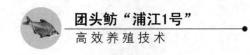

龄鲫鱼于池塘中自繁自育苗种，以满足鳜鱼摄食生长的需要；团头鲂"浦江1号"鱼种放养密度以不大于1 800尾/亩为宜。密度高，池塘载鱼量大，水质各项指标波动大，溶氧低，对鳜鱼生长不利，影响鳜鱼的成活率。

②套养黄颡鱼

黄颡鱼营底栖生活，对环境适应性较强，较耐低氧，是肉食性为主的杂食性鱼类，可驯食配合饵料，抗病能力强。套养黄颡鱼具有以下几个优点：一是黄颡鱼可以摄食池塘中残饵、小杂鱼、有机碎屑等，可提高池塘水体的净化能力，促进池塘水体的综合利用和生态良性循环；二是黄颡鱼摄食水体中的大型寄生虫，如锚头蚤等，可以减少鱼病的发生；三是不影响主养品种团头鲂"浦江1号"的生长与产量。

黄颡鱼鱼种一般选用隔年鱼种，个体宜大，要求体质健壮、体色鲜艳、无伤无病、游动活跃、规格整齐。放养时间和团头鲂"浦江1号"鱼种放养基本一致，放养密度应根据池塘野杂鱼的多寡、黄颡鱼鱼种规格大小及池塘套养其他底层鱼类的尾数而定。池塘中野杂鱼多可多放，否则少放；黄颡鱼规格小可适当增加放养量，反之则少放；底层鱼类少，黄颡鱼的套养量可适当增加，甚至可代替其他底层鱼类。黄颡鱼鱼种放养规格25～50克/尾，放养密度100～150尾/亩见表3.6。年终可收获黄颡鱼10～20千克/亩，增收200～400元/亩。

表3.6 鱼种放养规格和密度

品种	规格（克/尾）	放养时间	数量（尾/亩）
团头鲂"浦江1号"	≥150	冬季	2 500～3 000
鲢	150～250	冬季	50～100
鳙	150～250	冬季	30～50
鲫	50～100	冬季	100～200
黄颡鱼	25～50	冬季	100～150

套养黄颡鱼注意事项：套养过程中，注意黄颡鱼的摄食生长情况，如放养规格过小，需适当补放小杂鱼、虾等；黄颡鱼体表无鳞，对多种药物敏感。因此，鱼病要以防为主，治疗时尽量使用高效、低毒药物，且严格控制用量。

③套养翘嘴鲌

翘嘴鲌为中、上层肉食性鱼类，适应性与抗病力较强，耐低氧。翘嘴鲌放养与主养鱼种同时进行，尤以冬放时间为好，鱼种不易受伤。每亩放养10～13厘米的翘嘴鲌冬片鱼种30～50尾（表3.7），年终可获500克左右的商品翘嘴鲌15～25千克/亩，增收200～300元/亩。这种养殖模式在长江中、下游地区普遍采用，尤其适合于中、小型养殖户，其优点是管理方便，不影响其他鱼类生长。

表3.7　鱼种放养规格和密度

品种	规格（克/尾）	放养时间	数量（尾/亩）
团头鲂"浦江1号"	≥150	冬季	2 500～3 000
鲢	150～250	冬季	100
鳙	150～250	冬季	50
鲫	50～100	冬季	200～300
翘嘴鲌	10～13厘米	冬季	30～50

套养翘嘴鲌注意事项：翘嘴鲌对部分药物十分敏感，用药需慎之又慎；翘嘴鲌在冬季能摄食生长，需补充适量饵料鱼。

④套养河蟹

蟹种的放养时间在1—3月，最迟不超过5月底。每亩套放5～10克蟹种300只（表3.8），可获100克左右的河蟹8～15千克/亩，增收200～400元/亩。套养河蟹有以下优点：一是以鱼为主，不影响鱼产量。二是防逃设施简易，成本低廉。如连片池塘均采用鱼、蟹混养模式，需营造良好的池塘生态环境。在河蟹生长季节，通常只需在池塘进、排水口安置拦网，池塘四周设置防逃简易设施，可节约生产成本。如为单一独立的池塘，可在池塘堤埂四周挖深 30 厘米、宽 15 厘米的小沟，沟内铺设塑料薄膜，防逃效果也较理想。三是经济效益较稳定，技术简单，管理简便，便于推广。

套养河蟹注意事项：需在池塘某一处种植一定数量的水花生、伊乐藻、苦草、轮叶黑藻等水生植物，约占池塘面积的 5%～10%。种植水生植物有以下优点：可供河蟹栖居蜕壳、摄食，并可为团头鲂"浦江 1 号"提供适量的植物蛋白。防逃要求简易：10—11 月，可根据河蟹生殖洄游的习性，用地笼网及时捕捉。商品蟹可暂养一段时间后，再上市销售。防治鱼病时应考虑河蟹对药物是否敏感。

表 3.8 鱼、蟹放养规格和密度

品种	规格（克/尾）	放养时间	数量（尾/亩）
团头鲂"浦江 1 号"	≥75	冬季	2 000～2 500
鲢	150～250	冬季	50～100
鳙	150～250	冬季	30～50
鲫	50～100	冬季	200
河蟹	5～10 克/只	1 月～3 月	300

五、养殖管理

1. 投饲管理

在养殖生产过程中，饲料投喂技术直接影响到饲料的转化率及养殖效果，熟练掌握饲料投喂技术可提高饵料利用率，减少池塘水体污染。

（1）投饵机的分布和数量

投饵机的位置：投饵台位置适宜选择在塘埂相对中间部位，要求面积开阔，常年背风、向阳、日照时间长的水面，且水位较深、池岸、塘底相对平坦的区域。投饵台应伸出塘埂 2～3 米，高出水面 50 厘米为宜。如华东地区及我国南方在夏、秋季以东南风为主，投饵机应设置在池塘的南面相对中间部位（图 3.3）。

图 3.3　投饵机位置

投饵机数量：根据池塘面积来确定投饵机的数量，每 2 000～3 335 平方米池塘配备自动投饵机 1 台。在投饵的前期,少量投饵,投饵间距(11~17秒/次);驯食工作完成后(图 3.4),逐步调整为适量投饵,投饵间距(5~7秒/次)。在养殖密度高的池塘,宜适当增加投饵机数量,以防投喂时团头鲂"浦江 1 号"过于集中于投饵区,影响摄食、鱼体生长和规格的均匀度等。

图 3.4　投喂效果

(2)饲料的选择

投喂鳊鱼专用配合颗粒饲料,颗粒饲料质量应符合 NY 5072—2002 和 GB 13078—2001 的要求。饲料的营养成分应满足团头鲂"浦江 1 号"商品鱼生长的需要,饲料粗蛋白含量要求在 28%~30%。3—5 月饲料蛋白为 30%,6—11 月饲料蛋白为 28%,水中稳定性 2~5 分钟。饲料粒径大小应适合鱼种口径,易于吞食。饲料过大,鱼无法直接吞食;粒径过小,鱼难以全部吞食。两者均会造成部分饲料沉入池塘水体底部,导致水体中残饵增加,养殖效果相对较差。应根据鱼体规格大小选用不同粒径的饲料,饲料粒径与鱼体规格相互关系见表 3.9。

表 3.9　团头鲂"浦江 1 号"颗粒饲料粒径配置

规格（克/尾）	75	125	250	500
粒径（毫米）	2.0	2.5	3.0	4.0

（3）投喂频率和日投喂量

日投喂频率根据水温而定，水温达到 10℃ 以上时开始驯食投饲，14℃ 以上时每天投饲 2 次，18℃ 以上时每天投饲 3 次，22℃ 以上时每天投饲 4 次。日投喂量的确定参考不同规格团头鲂"浦江 1 号"在不同水温下的日投饵率（表 3.10）进行。

投喂时坚持"四定"原则，并根据天气、水质和摄食的实际情况灵活掌握投喂量。正常情况下，当日每次投饵量比例视水温、溶氧及水体耗氧等情况，可掌握在早上 25%、中午 40%、晚上 35%。同时用食盆检查摄食情况（图 3.5），定期检测鱼体生长情况。

表 3.10　团头鲂"浦江 1 号"颗粒饲料日投饵率表

颗粒（毫米） 规格（克/尾） 水温（℃）	16	18	20	22	24	26	28	30
100 ~ 200	2.0	2.3	2.7	3.1	3.5	4.4	4.5	5.0
200 ~ 300	1.7	1.9	2.2	2.5	2.9	3.3	3.8	4.1
300 ~ 600	1.4	1.7	1.9	2.2	2.5	2.9	3.3	3.8
600 ~ 800	1.0	1.2	1.4	1.6	1.8	2.1	2.4	2.6
>800	0.8	1.1	1.3	1.5	1.7	1.9	2.0	2.1

2. 水质管理

养殖水体的水质直接影响团头鲂"浦江 1 号"的生长发育。根据团头鲂"浦江 1 号"的生物学特点，团头鲂"浦江 1 号"性情温和，喜生活在高溶

图 3.5 食盆及食盆检查

解氧、水质清新的水体中。而池塘多种养殖模式的共同点是投入品数量和种类增多，引起池塘水体水质各项管理性指标上下波动。为取得较高的产量和较好的经济效益，必须了解和掌握水质变化的普遍规律。

定期检测水质：平时每周一次，高温季节每周两次。检测指标为水温、溶解氧、pH 值、透明度、氨氮、亚硝酸盐等（图 3.6），并根据检测结果采取相应的措施。使池塘水体溶解氧保持在 5 毫克/升以上、透明度保持在 25 ～ 40 厘米、pH 值在 7.0 ～ 8.5、非离子氨 ≤0.02 毫克/升、亚硝酸盐 ≤0.1 毫克/升。调节水质主要采用以下三种方法：

物理方法：①正确使用增氧机。增氧机有增氧、搅水、曝气等作用。开增氧机的方式：晴天中午开，阴天清晨开，连绵阴雨半夜开，傍晚不开，浮头早开，主要生长季节坚持晴天每天中午开机 1 ～ 2 小时；②使用水质改良剂（如沸石粉、活性炭、陶土等）。这类物质能吸附养殖水体中的氨氮、硫化

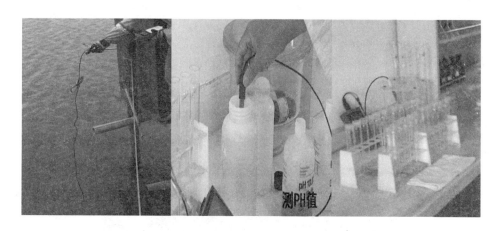

图 3.6　检测水质

氢，对暂时缓解水质恶化有一定的作用；③合理换水。每周加（换）水一次，每次注水 30 ~ 50 厘米，高温季节换水量可达 50 ~ 80 厘米。

化学方法：利用一些针对性强的化学改良剂，进行水质改良。如"粒粒氧"降解有机物，降低 COD，清除氨氮等，增加池塘下层水体的溶解氧，改善池塘水体生态环境。

生物方法：①调节控制水体生态系统的生物群落，使其适合养殖动物的生长。如构建池塘生态系统、人工湿地（图 3.7）等。②向养殖水体补充能抑制或清除有害物质的微生态制剂，降解鱼类排泄物、残存饵料、化学药物产生的有害物质，净化养殖水体水质，促进水体水质良性循环；同时，微生物制剂还可有效调整和维持鱼体肠道内微生态平衡，达到预防疾病的目的。前期以 EM 菌为主，中期以光合细菌（PSB）为主，后期以改底制剂为主。微生态制剂具有使用方便、价格低廉、生态环保等优点。

3. 日常管理

养殖期间应认真巡塘、仔细观察、强化管理。每天巡塘三次，清晨巡塘

图 3.7　人工湿地

主要观察水色、鱼类的活动情况和有无浮头迹象、清除敌害和杂草污物；午间巡塘结合投饲观察鱼类摄食情况和水色变化；傍晚巡塘主要检查有无残剩饲料和浮头预兆。

应认真做好养殖记录，通过养殖记录可了解生产全过程，保持养殖过程的可追溯性，可进一步规范生产操作，有利于管理人员和渔业科技人员的决策，有利于养殖成果的回馈和成功技术的进一步推广，促进团头鲂"浦江1号"的健康、持续发展。养殖记录应符合中华人民共和国农业部令（2003）第［31］号《水产养殖安全质量管理规定》中（附录1）的要求。

4. 鱼病管理

鱼病管理应坚持"预防为主、防治结合"的原则。渔药的使用和休药期应符合 NY 5071—2002（附录5）要求。使用药物后应填写用药记录，用药记录应符合中华人民共和国农业部令（2003）第［31］号《水产养殖安全质量管理规定》中（附件3）的要求。团头鲂"浦江1号"成鱼养殖常见病害及防治方法见第四章。

六、起捕与运输

团头鲂"浦江1号"成鱼养殖达到上市规格即可起捕,一般用围网起捕,也可采用诱捕的方法。团头鲂"浦江1号"游泳活泼,跳跃能力不及鲢、鳙鱼,喜集群,遇网具即退缩,无钻泥习性,容易捕捞,成鱼第一网起捕率能达到70%以上。

起捕后以鲜活鱼的形式供应市场。一般采用活水车运输。起捕与运输需注意以下几个方面:

①夏、秋季节起捕前,尤其在"热水鱼"起捕前,定期在饲料中添加一定量的维生素C等,能提高抗应激能力,以免鱼体碰擦产生"发红""发毛"等应激反应,造成不必要的损失。

②起捕前应提前1~2天停喂饲料。尤其夏、秋季节,水温高,有机物及排泄物多,耗氧高,水质容易恶化,运输时死亡率高。

③夏、秋季节起捕前应拉网锻炼1~2次。经过锻炼的商品鱼,其肌肉、鳞片结实,肠道内粪便排空,体表无多余的黏液,代谢排泄物少,耗氧率低,对浑浊水质忍耐力强;且耐操作而不易受伤,运输成活率明显提高。

④夏、秋季节捕捞时,由于水温高,鱼的活动强烈,耗氧量大,不耐较长时间在网具中密集。水位不宜下降太多,保持在1.5米左右,可采用大水位拉网(图3.8)。收网后应开启增氧机并冲水,使鱼类有一段顶水的时间,能冲洗掉鱼体上分泌的黏液,特别是鱼鳃上的附着物,可提高运输成活率,并增加池塘水体溶解氧。

⑤夏季捕捞时间应安排在凌晨,此时水温、气温相对较低,利于早市供应。

⑥网捕对部分池塘鱼类有一定的体表损伤。捕捞结束后,应全池泼洒杀

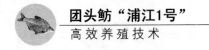

菌药物消毒防病。

⑦夏、秋季节活水车需加氧气瓶充氧运输，保证充足供氧；冬季也可采用增氧泵充氧运输。

⑧在水温 15℃ 时，装运密度为 500～600 千克/米³。夏、秋季节水温高，可以通过冰块来调节水温。另外，装运密度还应考虑运输距离和时间进行调整。

⑨运输途中每间隔 1～2 小时应检查一下车况是否良好，氧气供应系统是否正常，水质及鱼的变化情况等，并及时采取相应的有效措施。

⑩冬季池塘内水体较深，捕捞前先排放一半的池水，便于拉网捕鱼，且起捕率高。

图 3.8　拉网

第二节　网箱养殖

网箱养鱼是一种先进的生产方式，产量高，饲养管理方便，容易捕捞。水流通过网箱的网目不断进行水体交换，水质清新，使网箱内保持充足的氧气和天然饵料，因此商品鱼质量上乘。

我国的淡水网箱养殖可追溯到 20 世纪 70 年代，当时主要在一些水库、湖泊中利用网箱培育鲢、鳙大规格鱼种。网箱养殖具有投资少、产量高、可机动、见效快等特点。从 20 世纪 70 年代末至今的几十年里，淡水网箱养殖的方式、种类和产业结构有了新的发展，从主要依靠天然饵料的大网箱粗放式养殖转变为投喂配合饵料的网箱精养。养殖的鱼类品种多达数十种，全国各地的可利用水面被大量网箱占领，2012 年我国网箱养殖面积 14 843.57 公顷，产量 127.315 万吨。

由于团头鲂具有集群摄食、驯化后主动摄食人工配合饵料的特点，很适合网箱养殖。在 20 世纪 80 年代初，团头鲂网箱养殖随着配合颗粒饵料兴起而发展起来。

一、网箱设置的水域

设置网箱的水域必须具有的基本条件：

①适应鱼类生长的时间长。生长期的平均水温高，养殖常见的鱼类一般要求 4 月下旬（或 5 月上旬）和 10 月中旬平均水温在 15℃左右，生长季节平均水温 20℃以上。

②水面宽阔，水位稳定，背风向阳，水质清新，无污染，溶解氧最好在 5 毫克/升以上，至少要达到 3 毫克/升以上。pH 值为中性偏碱的水域为好。

③水深 5 米以上，去除网箱本身高度 2～3 米外，网箱底部到水底还可留余 1～2 米的空隙，使水体有所流动，水质不易恶化。水深太浅，当水位发生变化会导致网箱搁浅等情况发生。

④具有一定水流，流动的水体可以给鱼类带来饵料和溶氧并冲走代谢废物。但流速不能过大，以 0.05～0.2 米/秒为宜。

⑤底部平坦，有机物沉积较少，同时要避开水草丛生区域。

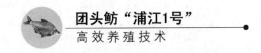

二、网箱的结构

1. 网箱结构

网箱主体结构由箱体、框架、浮力装置、投饵装置四部分组成，其他附属设施有固定器、栈桥、浮码头等。

（1）网衣

网衣是网箱养鱼的蓄鱼部分。在材料选择上要求坚韧、牢固，能蓄鱼而不易逃鱼，还要操作方便和造价低廉。通常以合成纤维为材料。在制作网衣合成纤维中，最常用的为聚乙烯。其比重为 0.94 ~ 0.96，能浮在水面，几乎不吸水，并有较好的强度，在湿态条件下或网衣打结后纤维强度基本不变，耐日光性能良好，价格也较便宜，所以在网箱养鱼上使用比其他合成纤维更普遍。

（2）框架和撑桩

框架：对浮式网箱来说，框架是保持网衣张开，并使网箱成型的附属设施。常用竹、木料、金属管、塑管制成一定的形状，然后装上网片，即制成不同规格、形状的网箱。

撑桩架：固定式网箱主要用撑桩来支撑网箱，使其保持定形。一般情况下采用毛竹打桩，打好4个角桩后，在每个边上按一定的间隔距离再打间桩。网衣可直接挂在撑桩上。湖泊、河道中设置的固定网箱，一般在撑桩上用横梁加固，只需用网箱上的绳环直接将网衣挂在各撑桩上即可。

（3）浮子、沉子和固着器

浮子：是网箱的重要属具之一。将浮子装在浮式网箱的上钢绳上，可使网箱向上浮起。制作浮子的种类很多，常用的有木材、玻璃球、塑料球、金属桶及封盖后的陶器和橡皮球等。选择浮子的材料，要以价格便宜，且单位体积重量轻、浮力大为主要条件。

沉子：沉子在网箱养鱼上的作用与浮子相反，它是利用在水体中的重量使网衣迅速下沉，因此在网箱养鱼上多用比重大的材料制作沉子。沉子无严格要求，起到沉子作用的物体即可。

固着器：固着器是指固定网箱位置的属具。网箱养鱼一般用铁锚作固着器。但有时也可打桩，将绳索一端系在网箱的角上，另一端结扎在陆上或水下的桩头上。固定网箱的绳索宜长不宜短，以便水位升、降时不致使网箱顶部浸没在水中。如果在岸上打桩固定，则固定桩最好在两个以上，使网箱位置不致随水流而变动。

（4）网箱的附属设施

底部衬网：投饵式网箱养鱼在网箱的底部应装有衬网，这样可以提高饵料的利用率，减少饵料流失，降低的饵料系数。

食台：食台是用密眼网片或木料围成 2~4 平方米的方形浮框。

2. 网箱的形状和规格

网箱形状有圆形、正方形、长方形等。从扩大接触面积、提高供饵能力、网箱装配工艺及操作管理上考虑，长方形和正方形比较理想，在生产上应用较普遍。

网箱的面积大小应适当，30 平方米以下为小网箱，30~60 平方米为中型网箱，60~100 平方米为大型网箱。网箱的高度依据水体的深度及浮游生物的垂直分布来决定，目前多用高 2.5~3 米。水体深亦可用高 2~4 米左右的网箱。但网箱底与水底的距离最少要在 0.5 米以上，以便鱼类排泄物及有机碎屑排出网箱。

箱体网目的大小，应根据养殖对象的规格来决定。以尽量节省材料，又达到网箱水体最高交换率为原则。团头鲂"浦江 1 号"成鱼养殖的网箱网目

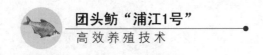

为 2.5 ~ 3.0 厘米。

3. 网箱的类型

目前，我国网箱的类型主要有浮动式、固定式和下沉式 3 种。

（1）固定式网箱

采用竹桩、木桩或水泥桩固定于水底，桩顶高出水面，将臂固定于桩上，箱体上部高出水面 1 米左右，箱底离水底 1 ~ 2 米的一种网箱设置方式。此种类型的网箱由于有桩固定，稳定性较好，可以设置在风浪较大的水域。但固定式网箱不能随水位变动而浮动，箱体的有效容积（浸没水中的深度）会因水位升、降而发生变化，因此水位涨落太大的水域不宜设置。同时，由于网箱不能移动，不便检修操作。此外，鱼类的排泄物、残饵分解对网箱的水体污染较大，往往造成养殖水域溶解氧较低。

（2）浮动式网箱

网箱可以随意移动，网身的部分利用浮子及网箱框架浮出水面，即使水位变动，网身深度仍保持不变。只要网箱不着底泥，网箱养殖的水体容积就恒定不变。由于网箱可随意移动，因此，网箱中的水质比固定式网箱好，是目前我国采用最广泛的一种网箱养殖方式。

（3）沉式网箱

箱体全封闭，整个网箱沉入水下，适用于水体较深的水库、湖泊，只要网箱不接触水底，网箱的有效容积一般不会受到水位变化的影响。缺点是投饵和操作管理不便。在风浪较大的水域或养殖滤食性鱼类采用沉式网箱比较适宜。

4. 网箱的排列方法

网箱的排列既要操作方便、便于饲养管理，又不影响水体交换，以保持网箱内水质良好、新鲜，溶解氧充沛。网箱采用品字形或梅花形排列较为理想，可以使箱与箱之间错开位置，利于网箱内外水体交换。箱与箱之间距离最好在20米以上。大型水库若选用串联式设置网箱，每个串联组以4~6箱为宜，两组间距离不应小于50米。

另外，水域内网箱设置要考虑一定的密度，即网箱设置区内的网箱面积与水域面积的比例要适宜，既要充分利用水域的生产潜力，又要保持饵料生物的持续增长和良好的水质环境。实践证明，在同一水域范围内网箱面积以不超过水域面积的1%为宜。

三、团头鲂"浦江1号"网箱养殖

1. 准备工作

（1）网箱的安装检查

网箱下水前应仔细检查有无破损、脱节、断线、开缝。旧网箱要提早清洗、检查、加固、消毒。在鱼种入箱前7天将网箱安装好，放入养殖水域，新制作的网箱在鱼种入箱前15天提前下水。一是消除新网箱聚乙烯网片产生的化学气味；二是网衣经浸泡和附着生物后，可使网箱充分展开，减少刚入箱的鱼种由于环境改变惊恐窜游从而被网衣擦伤的概率。

（2）鱼种准备

池塘培育鱼种，在运输前应按常规停食、拉网锻炼，这样可以避免鱼种进入网箱后，由于环境生疏，应激反应强烈，长时间顶网和跳跃，造成鱼体受伤，影响成活率。

2. 鱼种放养

鱼种放养前，必须进行药浴消毒（见第三章第一节第四部分）。团头鲂

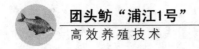
"浦江1号"鱼种的放养密度，可根据以下公式计算：

$$放养密度（尾/米^2）= \frac{估计鱼产量}{出箱规格-放养规格} \times 预计成活率$$

鱼产量一般可达 30 ~ 50 千克/米²，高的可达 70 千克/米² 以上。建议投放体重 100 ~ 200 克/尾的大规格鱼种，这样可以缩短网箱养殖周期，降低养殖风险，加快资金的周转和提高经济效益。

放养密度还取决于水质情况、水体的交换量和溶解氧量。水体流动较大，水质优良，溶氧高，放养密度可适当增大；水体交换量小，放养密度不宜过大，以免造成缺氧、水质恶化等情况发生。

3. 饲料投喂

鱼种入箱后第 2 天即可开始投饵驯化，诱其上浮争食。投饵遵循"四定"原则，以颗粒饵料为主，也可适当投喂鲜嫩水草。

投饵量要根据天气、水质、水温和鱼类摄食情况具体而定。水温 15℃时，日投饵量为鱼体重的 1% 左右，日投喂 1 ~ 2 次；水温 15 ~ 20℃ 时，日投饵量为鱼体重的 1.5% ~ 2.5%，日投喂 2 ~ 3 次；水温 20℃ 以上时，日投喂 3 ~ 4 次，日投饵量为鱼体总重的 2.5% ~ 3.5%。每次投喂以鱼摄食"八分饱"为宜。每 15 天定期抽样检查 1 次，测量体重、全长，以便及时调整投喂量和颗粒饲料粒径。

4. 日常管理

俗话说"三分养、七分管"，日常管理对网箱养殖的成败具有重要的作用，日常管理应做到经常巡箱、定期洗箱清杂、防风防浪、做好记录等内容。

（1）巡箱检查

要定期地对箱体进行检查。设专人看管网箱，坚持每天早、晚两次检查网箱的安全性能。检查网箱有无破损，及时修补，发现网箱区的树枝、杂物等，要及时捞除，以免挂毁、撕破网箱。尤其大风、洪涝天气，更要加强巡查，检查时注意尽量不惊扰鱼群。

同时观察鱼活动情况、摄食情况，水质变化情况，发现问题及时采取措施。

（2）定期洗箱清杂

网箱入水一段时间后由于微生物附生、有机物附着会造成网目的堵塞，影响水体交换，不利于箱内排泄物、残饵的排除和天然饵料、溶解氧的补给。因此，必须定期清洗网箱，一般15天左右刷洗一次，确保水流交换顺畅，利于团头鲂"浦江1号"的生长。

（3）防风防浪

在暴风雨等突发自然灾害到来前，应对网箱进行检查。固定式网箱，检查各部位的牢固程度，并予以加固；浮动式网箱，除了加固各部位外，在必要时，可把网箱移动到其他安全区域。水位变动剧烈时，要随时调整网箱抛锚绳索，以免发生意外。暴风雨等天气过后，更要仔细检查，发现问题及时处理。

（4）适时移箱

干旱时，水位下降，网箱有搁浅的危险，要把网箱往深水处移动；洪峰到来之前，要把网箱往缓流处移动，避开水流冲击，如遇到污染水质，应及时将网箱移至安全适宜场所。

（5）做好管理日记

管理人员每天要记好管理日记，记录水温、水质状况，认真记录鱼种放养、生长情况、饵料投喂、预防治病措施等，不断总结、积累团头鲂"浦江1号"网箱养殖经验。

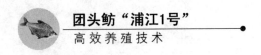

5. 鱼病的预防

网箱养殖，养殖密度相对较高，一旦发病容易传播蔓延，鱼病的防治显得尤为关健。因此，除合理布设网箱、控制网箱规模、合理放养、科学操作、加强饲养管理等措施外，还要切实做好药物消毒等鱼病预防工作，以防为主，防治并举。

药物预防可采用以下方法：

（1）挂袋法

高温季节在网箱四边挂袋以杀灭病原。药物可选用溴氯海因、漂白粉、硫酸铜与硫酸亚铁（5:2）合剂等。挂袋后瞬间单位面积内药物浓度升高，要注意观察鱼群的活动情况。

（2）药浴

结合洗箱清杂，用药液浸洗鱼体，将网衣上提到一定高度，计算水体体积，根据鱼病症状使用药液浸洗。若在浸泡过程中发现鱼类有躁动现象，应将网箱立刻放下。

（3）投喂药饵

这是网箱养殖最有效预防鱼病的方法，可定期投喂药饵，减少病害的发生。

第四章
团头鲂"浦江1号"病害防治

第一节 团头鲂"浦江1号"鱼病防治基本知识

当前，水产养殖业迅猛发展，养殖规模不断扩大，集约化程度不断提高，饲养管理难度加大；与此同时，养殖水体环境污染积累，生态环境恶化以及种质退化等，导致水产养殖品种的病害频繁发生，成为制约水产养殖业可持续发展的主要因素。水产养殖的成败与否，与水产养殖动物病害能否得到有效预防、治疗与流行控制有着很大的关系。

一、鱼病防治的重要性

鱼病是指病因作用于鱼类机体，引起鱼体新陈代谢活动失调，发生病理变化，扰乱鱼类生命活动的现象。由于鱼类生活在水体中，其活动情况不易被觉察，一旦生病，往往不能及时发现，正确诊断和治疗也有一定的困难。且目前水产养殖动物疾病有暴发快、死亡率高、无特效药等特点，"预防"是水产养殖业抵御疾病最有效的一种手段，根据水产动物疾病的流行规律，

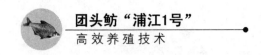
在疾病流行前，即采取投喂（泼洒）抑制和杀灭病原体、提高养殖动物新陈代谢机能的药物或其它科学饲养管理措施等来预防疾病的发生。从这个角度而言，加强鱼病预防措施就有着重要的现实意义。鱼病防治的原则是："无病先防，有病早治，预防为主，防治并举。"

同时，任何鱼病的发生和发展，都是外界环境、病原和鱼体自身免疫力这三方面相互作用的结果。在防治和诊断疾病时，必须全面考虑这些关系，才能了解并找出其病因所在，采取有效的预防和治疗方法。

二、鱼类致病的主要因素

鱼类致病因素一般分为四种：

1. 生物因素

生物因素包括病毒、细菌、寄生虫等各种病原生物。由病原生物引起的疾病，通常称为病原性疾病，是目前水产养殖疾病中危害最大、种类最多、流行最广的疾病。病原性疾病并不完全取决于病原体的存在，还与养殖生物的抗病能力和生活的外部环境有着密切关系。如水生环境中除存在一些专性致病微生物外，多数是条件致病菌，鱼类常与养殖环境中的弧菌、黏细菌、假单胞菌和气单胞菌等兼性致病菌接触虽有感染也不发病，其致病力随着环境不良因素的增加而增强，环境条件恶化，鱼体受损伤和抵抗力减弱，这些兼性致病菌由不致病菌转化为致病菌。

另外，鸟类、水蛇、水老鼠、水生昆虫等敌害生物往往不引起养殖生物生理上的疾病性反应，而是直接捕食养殖生物，引起养殖生物死亡或受伤。

2. 环境因素

鱼类是终生生活在水体中的水生动物，鱼类的摄食、呼吸、排泄、生长等一切生命活动均在水体中进行。因此水体中的各种理化因子（水温、盐度、酸碱度、溶解氧、有毒物质等）不但直接影响鱼类的存活、生长，也可直接影响致病生物或间接通过鱼体影响致病生物。如部分病原体要求在一定的温度条件下才能在水体中或鱼体内大量繁殖，导致鱼类生病。如微囊藻大量繁殖，死亡后蛋白质分解产生羟胺和硫化氢等有毒物质引起鱼类中毒死亡；三毛金藻大量繁殖，产生大量鱼毒素、细胞毒素、神经毒素等引起鱼类中毒死亡。

3. 人为因素

随着养殖技术的发展，人类活动对渔业生产的影响和作用越来越大。在渔业生产中，由于管理和技术上的原因而引起的水产养殖生物疾病，统称为人为因素。主要可以分为以下几个方面：如养殖场的建设缺乏科学性；混养种类不合理或比例不恰当；饲料质量问题；饲养管理不善；生产操作不细致等。

4. 内部因素

鱼病的发生通常是内外因共同的结果，外因要通过内因产生变化，内因起着至关重要的作用。鱼类有着和高等脊椎动物相似的免疫防御系统调控基因及基因控制产物，具备机体行使免疫功能的组织、细胞及分子基础，其机体的免疫防御功能由系统免疫系统和黏膜免疫系统来完成。鱼类机体自身的免疫力以及免疫力的强弱，对鱼类是否发生疾病具有至关重要作用。实践证明，在一定环境条件下，鱼类对疾病具有不同的免疫力，即使是同一种鱼，不同的个体、不同年龄阶段的鱼对疾病的感染性也不完全相同。

三、鱼病种类区分

鱼病的分类，国内外尚无统一规定，我国通用分法为以下三种：

①按鱼类生长阶段：可分为鱼苗病、鱼种病、成鱼病。

②按病原体的不同：可分为三个类别，即生物源性鱼病、侵袭性鱼病和其他因素引起的鱼病。

由微生物病原体如病毒、真菌、细菌、单细胞藻类等引起的鱼病，通称为生物源性鱼病。

由动物性寄生虫如原生动物、蠕虫、软体动物、环节动物、甲壳动物等引起的鱼病称侵袭性鱼病。由非寄生性生物如水生昆虫、凶猛鱼类、两栖动物、爬行类、鸟类、哺乳类动物等引起的病害，称鱼类的敌害。

除各种病原体和敌害外，还有物理、化学等因素引起的病害，在一定条件下，也会对鱼类产生不利的影响。如缺氧引起的"浮头"和"泛塘"，有机质分解产生的甲烷和硫化氢等有毒气体、水体中氨氮和磷含量过高、水体被有毒物污染而引起的中毒；饵料霉变、营养不良引起的消化不良、脂肪肝、肝胆综合症等。虽然这些都不是由于病原体的感染或鱼体本身生理机能的障碍所引起的真正鱼病，但鱼类长期生活在这种环境条件下，都能直接引起鱼体生理机能失调，甚至导致鱼类大量死亡，其危害性不亚于真正的鱼病。

③按鱼体病灶或病变发生部位：可分为皮肤病、鳃病、肠道病及其他器官病四类。

四、在日常养殖管理中如何及时发现鱼病

在日常养殖管理中，及时发现鱼病是关键。鱼病发现得早，及时地进行治疗，大多数鱼病是可以治愈的。鱼类发病，外在表现主要是活动、体色和摄食等方面，因此，坚持定时巡塘，细心观察可以发现养殖鱼类的发病迹象。

1. 活动情况

正常鱼类成群游动，活动灵活、反应灵敏，一旦受惊迅速散开或潜入水

中。患病鱼类往往离群独游，在水体表面晃动或时游时停；或在池边不断乱窜或集中于排水口、下风口处。

2. 体色

鱼类在自然环境条件下都有其各自特定的体色。体色可作为鱼类分类的重要特征，也是其健康状态的衡量标准。正常鱼类的体色正常，体表完整；患病鱼类由于病害感染会引起系列相应的生理、生化和免疫反应，导致体色异常，使其失去所特有的天然颜色和光泽体色。如患细菌性肠炎的病鱼背部和头部发黑，患小瓜虫病体表分布白点等。

3. 摄食情况

健康鱼类一般食欲旺盛，抢食力强，投喂饲料后很快聚集到食场周围水面摄食，而且每天食量正常。患病鱼则食欲减退，摄食少量饵料或停止摄食，残饵较多。因此当发现饵料剩余时，应及时注意观察鱼类摄食、活动、体色等是否异常，并抽样检查。

第二节　团头鲂"浦江1号"鱼病的诊断

鱼病的诊断，要求快速、准确，只有快速才能抓住疾病治疗的最佳时机，只有准确才能保证对症下药，提高疾病治疗的效率。但需要指出的是：诊断、治疗是鱼病发生后的补救措施，不能替代"预防"而成为渔业生产上抵抗病害的主要手段。鱼病的诊断一般有以下几个步骤。

一、现场调查

鱼类的发病往往与环境因素密切相关。为了诊断确切，对发病现场需作

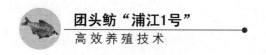

周密调查，现场了解病鱼现状等情况是正确诊断疾病的首要环节，不可忽视。

1. 发病情况的调查

包括发病死鱼的数量、大小、出现的各种异常现象、平时的防病措施和发病后已采取的措施等。

2. 饲养管理情况的调查

饲养管理调查主要是对养殖鱼类的密度、规格、摄食与活动，饵料来源、种类、质量、贮藏与投饲量，发病后已采取的相关措施以及以往用药史与发病史等情况作详细了解。

3. 气候、水质情况的调查

现场有重点地测定有关水温、酸碱度、溶解氧、氨氮、亚硝酸盐、硫化氢等有关指标，以便为进一步诊断提供必要的依据。

二、鱼体检查

要做到对症下药，首先必须对病鱼作出正确的诊断。诊断的依据除了上述调查的资料外，还必须对鱼病作详细的剖检，以便综合分析情况作出最后诊断。病鱼的检查，一般采用肉眼检查（目检）和显微镜检查（镜检）相结合的方法，目检和镜检可同时进行。

1. 取材

要用活的病鱼或刚死的病鱼进行检查，死亡已久或已腐败的病鱼不宜作材料。同时，要保持病鱼鱼体湿润，应将病鱼装在带有原饲养水的桶或盆里拿出检查。为了具有代表性，检查病鱼数量不低于 3 尾。

2. 检查的顺序

查要按一定顺序进行，原则上是从外到内、由表及里。先检查鱼体裸露部位，然后检查鱼体内器官、组织。体表、鳃、肠道为必须检查部位。

（1）体表

将病鱼置于白解剖盘中，按顺序从头部吻端、口腔、眼和眼眶周围、鳃盖、躯干、鳞片、鳍、肛、尾部等部位仔细观察。刮取体表、鳍等部位的黏液，放在滴有清水的载玻片上，盖上盖玻片，做成玻片镜检，可发现致病性原虫、蠕虫等寄生虫。镜检时应按先低倍后高倍的顺序观察、鉴别虫体。可把观察到的活动的虫体实物与书本上描绘的虫体图样作对照，提高鉴别病虫的能力。

（2）鳃

检查鳃部，重点是鳃丝。先看鳃盖是否张开，然后用解剖刀小心把鳃盖切掉，观察鳃片上鳃丝是否肿大或腐烂，颜色是否正常，黏液是否增多等。剪下少许鳃丝放在载玻片上，再往载玻片滴一滴清水，用镊子或解剖针将鳃丝逐一分开，盖上盖玻片镜检，可发现多种细菌、真菌、原虫、蠕虫和甲壳类等寄生虫。

（3）内部器官

检查内脏时，应先把一边的腹壁剪掉，剪腹壁时注意不损伤内脏。先观察是否有腹水或肉眼可见的较大型寄生虫；其次是观察内脏的外表，如肝脏的颜色、胆囊是否肿大以及肠道是否正常；然后取出内脏，把肝、肠、鳔、胆等分开，再把肠分为前肠、中肠、后肠三段，轻轻去掉肠道中的食物和粪便，注意胃肠食物充盈，胃肠壁有无发炎、溃疡，肠内黏液的颜色和多寡，有无大型寄生虫等。然后刮取胃、肠壁黏液少许，放在加有 0.7% 生理盐水的载玻片上，盖上盖玻片镜检。其他脏器则可用压片法检查，检查所得，对

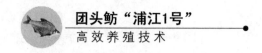

疾病诊断很重要。

3. 诊断

病鱼的诊断是较复杂的一环。在现场调查、目检、镜检的基础上，对鱼病的原因进行综合分析，才能作出最后的准确诊断。在判明鱼病的原因时，除了症状很明显的外，一般还应注意是由单一病因引起的还是由多种病因引起的，若是单纯感染，则病因明确；若是混合感染，则应确定主要病因，有针对性地制定出有效的防治措施。

第三节　团头鲂"浦江1号"常见鱼病的诊断与防治

一、细菌性肠炎病

1. 病原

肠型点状气单胞菌，属于弧菌科。也有报道豚鼠气单胞菌可引发此病或与肠型点状气单胞菌共同感染。

2. 症状

疾病早期，除体表发黑、食欲减退外，外观症状并不明显，剖腹后，可见局部肠壁充血发炎，肠道中很少充塞食物。随着疾病的发展，外观常可见到病鱼腹部膨大、肛门外突红肿，用手轻压腹部，肛门有黄色熟液流出，剖腹后，腹腔中有血水或黄色腹水。全肠肠壁充血发红，肠管松弛，肠壁无弹性，轻拉易断，内充塞黄色脓液和气泡。

3. 流行情况

团头鲂"浦江1号"从鱼种至成鱼阶段皆可发生此病，主要发生在夏季和秋季，水温在18℃以上流行，流行高峰为25~30℃。

4. 诊断

根据症状及流行情况进行初步诊断，但要注意与食物中毒的区别：食物中毒的病鱼，在肠壁充血的同时，肠内有大量的食物，且是摄食同一种饲料的鱼突然发生大批死亡。

5. 预防方法

放养前应彻底清塘消毒，鱼种下池前须用浓度为15~20克/米³高锰酸钾水溶液药浴。加强饲养管理，经常加注新水、定期用生石灰消毒，保持池塘水体清洁。

6. 治疗方法

以内服与外用药物两种方式结合治疗该病。用浓度为0.2~0.3克/米³的二氧化氯全池泼洒，每天一次，连续2~3天；每千克鱼体重用大蒜素0.2克拌饵投喂，连用4~6天；或每千克鱼体重用大黄2.5克、黄芩1克和黄柏1.5克拌饵投喂，连用4~6天。

二、细菌性烂鳃病

1. 病原

柱状屈桡杆菌，属纤维粘菌科。

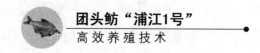
2. 症状

病鱼体色发黑，尤以头部为甚，游动缓慢，反应迟钝，呼吸困难；鳃上黏液增多，鳃丝肿胀，严重时鳃小片坏死脱落，鳃丝末端缺损，软骨外露，鳃盖内表面的皮肤往往充血发炎，中间部分常腐烂成一个看似透明的小窗，俗称"开天窗"。

3. 流行情况

团头鲂"浦江1号"从鱼种至成鱼阶段皆可发生此病。水温15℃以下比较少见，在15～30℃范围内，水温越高越易暴发流行。

4. 诊断

根据症状及流行情况可作出初步诊断。用显微镜检查，鳃上没有大量寄生虫及真菌寄生，但能看到有大量细长、滑动的杆菌，可作出进一步诊断。

5. 预防方法

鱼种下池前须用浓度为15～20克/米^{3}高锰酸钾水溶液药浴；发病季节每半个月遍撒一次生石灰溶液，食场周围定期泼洒漂白粉溶液等杀菌药，进行消毒。

6. 治疗方法

疾病早期，外泼消毒药即可治愈；疾病严重时，则外泼消毒药与内服药饵相结合。

外用药：0.35～2.0克/米^{3}二氧化氯全池泼洒；内服药：每千克鱼体重用0.2～0.4克恩诺沙星拌料投喂，每天一次，连喂4～6天。

三、细菌性败血症

1. 病原

主要由嗜水气单胞菌、温和气单胞菌和维氏气单胞菌感染引起，为条件致病菌。侵入鱼体后，在体内增殖，经血液循环进入肝脏、肾脏及其他组织，引起组织器官产生病变，继而出现全身感染症状。

2. 症状

发病初期，病鱼口腔、颌部、鳃盖、鳍条基部及鱼体两侧位出现轻度充血，食欲下降，剖开腹腔，可见肠内有少量食物或无食物。随着病情发展，体表出现明显的出血症状，肛门红肿。剥去鱼皮，肌肉因充血而呈红色。剖腹后，腹腔内积有淡黄色或淡红色透明腹水，肠壁充血且呈半透明状，肠道内充气且含稀黏液。

3. 流行情况

团头鲂"浦江1号"从鱼种至成鱼阶段皆可发生此病。每年4—10月均可发生，发病高峰主要集中在6—8月，水温在9～36℃时都可流行，以水温在25～32℃时发病最为严重，死亡率也较高。

4. 诊断

据症状及流行情况进行初步诊断，确诊须进行解剖诊断。

5. 预防方法

清除鱼塘过厚淤泥，并彻底清塘消毒，发病高峰季节每半月泼洒生石灰

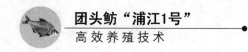
或二氧化氯等药物消毒。

6. 治疗方法

以内服与外用药物两种方式结合治疗该病。外用 0.3 ~ 0.6 克/米³ 二氧化氯全池泼洒，每千克鱼体重用氟苯尼考 10 毫克拌饲投喂，每天一次，连喂4 ~ 6 天。

四、赤皮病

1. 病原

荧光假单胞菌。

2. 症状

病鱼体表局部或大部分出血发炎，病灶部位鳞片松动脱落，尤其是鱼体两侧较为常见，背部、腹部也有病例。常伴有鳍条基部充血，鳍条末端糜烂，鳍条之间组织破坏等"蛀鳍"现象。

3. 流行情况

捕捞、运输、放养时，鱼体受机械损伤或冻伤，或体表被寄生虫寄生而受损时易引起发病。一年四季都有发生，尤其是在捕捞、运输后最易暴发流行。

4. 诊断

根据症状及流行情况进行初步诊断，本病病原菌不能侵入健康鱼体的皮肤，因此病鱼有受伤史，这点对诊断有重要意义。确诊须分离、鉴定病原。

5. 防治方法

进行综合预防，严防鱼体受伤，治疗方法同细菌性烂鳃病。

五、打印病

1. 病原

点状气单胞菌点状亚种，为条件致病菌。

2. 症状

病鱼病灶多发生在肛门附近两侧或尾柄部位，通常每侧仅出现 1 个病灶，若两侧均有，大多对称。发病初期，病灶处出现圆形或椭圆形出血性红斑，随后，红斑处鳞片脱落，表皮腐烂，露出肌肉，坏死部位的周缘充血发红，形似打上一个红色印记。随着病情的发展，病灶直径逐渐扩大，肌肉向深层腐烂，甚至露出骨骼，病鱼游动迟缓，食欲减退，鱼体瘦弱，衰弱而死。

3. 流行情况

主要发生在夏季和秋季鱼体表受伤后。

4. 诊断

根据症状及流行情况进行初步诊断，确诊需通过荧光抗体法诊断。

5. 防治方法

疾病早期全池泼洒消毒剂 1~3 次，即可治愈。严重时，以内服与外用药

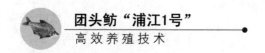

物两种方式结合治疗，每立方米水体用0.2~0.5克三氯异氰尿酸或二氧化氯0.3~0.6克全池泼洒，每千克鱼体重用氟苯尼考10毫克拌饲投喂，每天一次，连用4~6天。

六、水霉病

1. 病原

主要是水霉属和绵霉属的一些种类。菌丝细长，多数分枝，一端扎在鱼体的损伤处，大部分露出体表，长可达3厘米，菌丝呈灰色，棉絮状。扎入皮肤和肌肉内的菌丝，称为内菌丝，具有吸取养料的功能；露出体外的菌丝，称为外菌丝。以无性和有性两种方法繁殖新的菌丝。该菌对水温适应性很广（5~26℃），适宜繁殖的水温为13~18℃。

2. 症状

最初寄生时，肉眼看不出病鱼异状，当肉眼可见，菌丝已在鱼体伤口侵入，并向内生长大量棉絮状菌丝，似灰白色棉絮状，向内生长的内菌丝深入皮肤组织内，使组织发炎、坏死，被感染的病鱼不停地在池周缓慢游动，食欲减退，游动失常，多数潜入深水处的淤泥中，最终死亡。在鱼卵孵化过程中，也常发生水霉病，可看到菌丝侵附在卵膜上，卵膜外的菌丝丛生在水体中。

3. 流行情况

从鱼卵到各龄鱼都可感染，在冬季和早春更易流行，进入越冬池的鱼种和冬季在成鱼池放养的鱼种，翌年3—4月最容易发生水霉病。鱼卵只有当未受精或胚胎因故死亡时，水霉才能在鱼卵上大量繁殖，并覆盖附近发育正常的鱼卵，引起鱼卵窒息死亡，特别是阴雨天，水温低，极易发生并迅速蔓延，造成大批鱼卵死亡。水霉菌是腐生性的，未受伤的鱼及正常受精卵不受感染。

4. 诊断

用肉眼观察可作出初步诊断，但要注意与固着类纤毛虫病的区别，最好用显微镜检查进行确诊。

5. 预防方法

加强饲养管理，尽量避免鱼体受到损伤；产卵池及孵化用具都应清洗、消毒。

6. 治疗方法

1 米水深，每亩用"杀菌红"250 毫升和"汉宝硫醚星"150 毫升混合后全池泼洒，间隔 1 天 1 次，连续 3 次（李朝义和任德发，2015）；鱼卵流水孵化时均匀泼洒浓度为 100 毫克/升的"美婷"，每 12 小时用药 1 次，连用 3 次，能明显降低团头鲂鱼卵水霉病的发生率，提高出苗率，但在一定程度上会延长孵化时间（夏文伟等，2010）。

七、小瓜虫病

1. 病原

病原为多子小瓜虫，属原生动物门。寄生于宿主的体表上皮组织，大量寄生时，鱼体皮肤或皮肤上皮组织发生脱落，引起渗透压调节障碍、呼吸障碍而死亡。

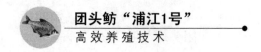

2. 症状

小瓜虫寄生处形成直径 0.5~1 毫米的白点，故又称白点病。当病情严重时，躯干、头、鳍、鳃和口腔等处都布满小白点，有时眼角膜上也有小白点，并同时伴有大量黏液，表皮糜烂、脱落，甚至蛀鳍、瞎眼；病鱼体色发黑、消瘦、活动异常，常与水体中的固体物摩擦，最后病鱼因呼吸困难而死亡（黄琪琰，1993）。

3. 流行情况

团头鲂"浦江1号"从鱼种至成鱼阶段皆可发生此病。有明显的季节性，流行于春、秋两季。适宜小瓜虫生长和繁殖的水温为 15~25℃，在水温 15~20℃时，小瓜虫侵袭力最强，当水温低至 10℃ 以下或升至 26℃ 以上时，小瓜虫发育迟缓或停止。小瓜虫的生活史中无中间寄主，由虫体直接感染鱼类。

4. 诊断

根据症状及流行情况可作出初步诊断，确诊须用显微镜进行检查确诊。

5. 预防方法

彻底清塘，定期消毒；鱼种入池前用 4% 氯化钠溶液（食盐水）浸泡 3~5 分钟进行消毒；加强饲养管理，保持良好水体环境，增强鱼体抵抗力。

6. 治疗方法

亚甲基蓝 4.0 克/米^3 浸洗 1 小时，隔天 1 次，连续 3 次。辣椒、生姜合剂：1 米水深，每亩水面用辣椒 250 克、生姜 100 克，煎煮成 24 千克药液后，兑水全池泼洒，隔天重复一次（梁长辉，2000）。

内服外用结合：外用复方络合铜（25% 环烷酸铜合剂）0.30 ~ 0.35 克/米³ 全池均匀泼洒，用 2 次（间隔 1 天），水体药效保持 72 小时，效果最佳；翌日起内服复方中草药（青蒿、槟榔、苦参、辣廖），用 60℃ 热水浸泡 6 小时后冷却，拌入饲料，每千克饲料添加 12.5 ~ 25 克，连续 3 ~ 5 天（周智勇等，2012）。

治疗过程中切忌使用硫酸铜，硫酸铜对原虫有较强的杀伤力，但不能杀死小瓜虫，反而促使小瓜虫形成包囊，大量繁殖。

八、车轮虫病

1. 病原

病原体主要是车轮虫属和小车轮虫属的许多种类。车轮虫的身体侧面观为碟子状。身体隆起的一面叫口面，相对的一面叫反口面，向中间凹入，构成吸附在寄主身上的胞器，叫附着盘。从反口面看，可以看到一个像齿轮状的结构，叫齿环。在齿环外围有许多辐线状的辐线环，在辐线环周围边长着一圈长短一律的纤毛。

2. 症状

车轮虫对寄主的病理作用主要为机械性损伤及由此引起的继发性生理功能障碍、细菌感染等。车轮虫少量寄生时没有明显症状，大量寄生时，损伤鱼鳃及体表的上皮细胞，黏液细胞增生，分泌亢进。鳃上的毛细血管充血渗出，分泌大量黏液，严重影响鳃丝的气体交换功能，鳃丝发生局部性炎症；有时病鱼体表出现一层白翳。病鱼沿池边狂游，呈"跑马"状。鱼体消瘦、发黑、游动缓慢、呼吸困难而死。

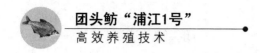

3. 流行情况

车轮虫寄生在团头鲂"浦江1号"的鳃和皮肤上，团头鲂"浦江1号"苗种和成鱼均发此病，主要危害苗种，严重感染时可引起大批死亡。一年四季均可发生。

4. 诊断

虫体较小，必须用显微镜进行检查诊断。

5. 预防措施

苗种下塘前必须用浓度为 15～20 克/米^3 的高锰酸钾水溶液或 8 克/米^3 的硫酸铜水溶液药浴 5～10 分钟。

6. 治疗方法

硫酸铜和硫酸亚铁（5:2）合剂 0.7 克/米^3 溶解后全池均匀泼洒；0.4 克/米^3 苦参碱溶液全池泼洒 1～2 次；B 型灭虫精，按照说明书规定使用。

注意控制好药物剂量，药物浓度过低不仅杀不死车轮虫，反而会刺激它加快繁殖，浓度过高会直接导致团头鲂"浦江1号"死亡。

九、指环虫病

1. 病原

指环虫属的许多种类，我国常见的指环虫有鳃片指环虫、鳍指环虫、鲢指环虫和环鳃指坏虫等。虫体较小，长度一般在 0.1～1.0 毫米，作蚂蝗状伸缩运动；头部前端背面有 4 个黑色的眼点，口在眼点附近，口下面膨大的部分叫咽，咽后分两根肠管延伸到体后端连接成环状。虫体后端有固着盘，由1对大锚钩和7对边缘小钩组成。指环虫是雌雄同体的卵生吸虫，在虫体的后部有一卵巢，精巢在卵巢的后面。

2. 症状

指环虫几丁质的中央大钩刺入鳃组织，边缘小钩刺进上皮细胞，造成鳃组织撕裂，引起鳃出血，刺激黏液分泌，鳃小片肿胀、融合、脱落，影响鳃的呼吸功能。继而出现病鱼游动迟缓，食欲下降，生长缓慢，严重时并发烂鳃病，病鱼窒息死亡。

3. 流行情况

团头鲂"浦江1号"苗种和成鱼均发此病，为常见多发性鳃病，发病时间多在4—10月。

4. 诊断

显微镜检查，看到大量虫寄生即可作出确诊。

5. 预防措施

鱼种下塘前用浓度为15～20克/米^{3}高锰酸钾水溶液或10克/米^{3}90%晶体敌百虫溶液药浴5～10分钟。

6. 治疗方法

用浓度为0.02～0.03毫升/米^{3}阿维菌素乳油或0.5～0.7克/米^{3}90%晶体敌百虫或0.3克/米^{3}甲苯咪唑全池遍洒。治愈后最好再全池泼洒一次杀菌药，以免鳃组织的机械损伤引发细菌和真菌的继发性感染。

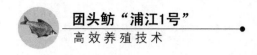
十、绦虫病

1. 病原

主要为九江头槽绦虫。虫体带状，体长20～230毫米，头节有一明显的顶端吸盘和2个较深的吸沟，雌雄同体。

2. 症状

头槽绦虫寄生时，病鱼消瘦，体色发黑，离群在水面，口常张开，不摄食，恶性贫血；前肠膨大成胃囊状，前肠肠壁异常扩张，肠壁慢性发炎，甚至肠道被虫体堵塞，解剖肠道可见白色长带状虫体。

3. 流行情况

主要危害团头鲂"浦江1号"鱼种，与其食性有关。头槽绦虫的中间寄主是剑水蚤，鱼种吞食已被感染的剑水蚤而患病。

4. 诊断

肉眼检查即可作出诊断，要鉴定种类则须进行切片、染色及生活史的研究。

5. 预防措施

生石灰或漂白粉清塘，杀死虫卵及剑水蚤。

6. 治疗方法

90%晶体敌百虫0.5～0.7克/米^{3}全池遍洒，杀灭水中的幼虫及中间宿主，同时每千克鱼体重，用阿苯达唑0.2克拌饵投喂，每天一次，连喂4～6天，治愈后最好再投喂2天抗菌药。

十一、锚头蚤病

1. 病原

锚头蚤雌性成虫，营寄生生活，水温在 12～33℃ 均可繁殖，最适温度为 20～25℃，其成虫寿命最长可达 7 个月，雌性成虫可在鱼体上越冬，翌年水温达到 12℃ 即可排卵。

2. 症状

发病初期，病鱼呈现急躁不安，食欲减退，继而体质逐渐消瘦，寄生处及周围组织红肿发炎，有红斑出现。锚头蚤露在鱼体表外面的部分，常有钟形虫和藻菌植物等附生，大量感染锚头蚤时，好像披着蓑衣，故称"蓑衣病"。

3. 流行情况

团头鲂"浦江1号"的鱼种、成鱼均可被寄生。此病全年均可发生，以秋季最为严重。

4. 诊断

锚头蚤成虫虫体较大，长约 1 厘米，用肉眼检查即可作出诊断。

5. 预防措施

用生石灰清塘消毒，可以杀灭水体中的锚头蚤幼虫；鱼种在放养前，用浓度为 15～20 克/米^3 高锰酸钾水溶液浸浴 5～10 分钟，可杀死全部幼虫和部分成虫。四月底用杀锚头蚤药物重复杀一次，此时锚头蚤主要处于虫卵和幼虫时期，灭杀效果最好。

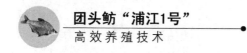

6. 治疗方法

用浓度为 0.5 ~ 0.7 克/米^3 的 90% 晶体敌百虫全池泼洒，连续洒药 2 ~ 3 次，每次间隔的天数随水温而定，当水温低于 20℃ 时，隔天使用，当水温高于 20℃ 时，连续使用；1 米水深，锚头蚤专杀（主成分二甲苯、蜂房芽孢杆菌）25 ~ 30 毫升/亩或 1% 阿维菌素 30 ~ 35 毫升/亩或 1% 溴氰菊酯 20 ~ 25 毫升/亩全池均匀泼洒。

十二、气泡病

1. 病因

水体中的氮气与氧气过饱和是引起气泡病的主因。气饱进入鱼体途径有两个，一是直接吞入，一是通过鳃、皮肤向血液中扩散，当血液中气体过饱和时，血液中过剩的气体游离而形成气泡。

2. 症状

发病初期，池塘内少数病鱼感到不适，在水面作混乱无力的游动，不久鱼体出现气泡。随着病情的发展，鱼体气泡逐渐增多、增大，发病池塘内病鱼也逐渐增多并浮于水面。捞起检查，病鱼体表、鳍条、眼眶及鳃丝上附有许多小气泡，有的肠内含数量较多的白色气泡，少数病鱼鳞片竖起；解剖检查，鳃丝微血管内亦有气泡，动脉球充气膨大，肠管、肠黏膜、肝脏表面亦有气泡分布，部分病鱼鳔高度充气。病鱼身体失去平衡，生理机能受到严重影响，体力过度消耗，漂浮于水面最终死亡。成鱼发病尾部向上，头撞岸边，挣扎而死。

3. 流行情况

该病主要发生于春末夏初。多发生在鱼苗、鱼种阶段，成鱼较少发生。

对鱼苗危害最大，可引起鱼苗大批死亡，应重视该病预防。

4. 诊断

目检即可作出诊断。

5. 预治措施

主要是防止水中气体过饱和。主要措施预防如下：鱼池不施放未经发酵的肥料，且用量要适当；保持水质新鲜，控制浮游生物过度繁殖；人工孵化用水，不用含气泡过多的水体；勤测池塘溶解氧等。

6. 治疗方法

鱼苗发病时用 $5\sim7$ 克/米^3 食盐水均匀泼洒，以此调节鱼体内、外的渗透压，使体内气体"渗"到体外水体中去，待病情减轻后，再大量换注水。鱼种或成鱼发病时，立即加注清水，并排除部分池水，或将鱼移入清新的微流水暂养。

十三、跑马病

1. 病因

主要由于池塘中缺乏鱼苗、夏花鱼种的适口饵料。鱼池漏水或冲水时间过长，鱼苗群集流水处长期顶水，消耗体力过大也可引起此病。

2. 症状

鱼苗（种）成群结队，围绕池边逛游，形似"跑马"状，长时间不停，最终因体力消耗殆尽，而引起大批死亡。

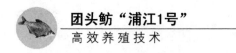
3. 流行情况

为鱼苗至夏花鱼种阶段常见疾病之一,主要发生在5—6月。

4. 诊断

目检即可作出诊断。

5. 防治措施

鱼苗放养密度要合理;防止鱼池漏水,认真检查进水口;发病时,隔断鱼苗狂游路线,并沿池边投喂适口饵料如粉料,或转到饵料生物丰富的池塘中。

十四、肝胆综合症

1. 病因

养殖密度过大,水体环境恶化、乱用药物、维生素缺乏、饲料酸败变质,以及营养成分的失衡和饲料中含有有毒物质等均可引起发病。在实际养殖生产上,肝胆综合症的致病因素多来源于劣质饵料和药物使用不当,即养殖技术处理得当与否。与畜禽饲料相比,水产饲料的一大典型特征为富含多不饱和脂肪酸,而多不饱和脂肪酸极易发生自由基链式反应,产生一系列有害的氧化产物。若使用的饲料中脂肪氧化较严重,则损害鱼体肝组织,造成弥漫性脂肪变性影响肝功能。这类变性脂肪往往发生坏死,使肝脏呈黄色或黄褐色。

2. 症状

肝胆综合症以肝胆肿大、变色为典型症状。病鱼发病初期肝脏略肿大,轻微贫血，色略淡；胆囊色较暗，略显绿色。随着病情发展，肝脏明显肿大，可比正常情况下大1倍以上，肝色逐渐变黄发白，或呈斑块状黄红白色相间，形成明显的"花肝"症状，肝脏轻触易碎，胆囊明显肿大1~2倍，胆汁颜色变深绿或墨绿色，或变黄变白直到无色，重者胆囊充血发红，并使胆汁也成红色。常伴有出血、烂鳃、肠炎、烂尾等症状。

3. 流行情况

肝胆综合症是近年来团头鲂"浦江1号"养殖中常见的一种疾病。

4. 诊断

肝胆综合症指非病原生物所致的肝病。本病最典型的特征是肝胆肿大和变色。肝胆综合症往往会继发感染细菌和病毒，患传染性疾病的鱼也会有肝胆综合症的病理变化。要认真区别肝胆综合症是非病原生物所致还是由细菌或病毒感染引起的。

5. 防治方法

科学投喂：要选择营养丰富而全面、品质优良的饲料。

饲料保存：防止蛋白质变性和脂肪氧化，防止饲料受潮发霉变质。

正确用药：在治疗肝病时要尽量弄清病原，治病求本，标本兼治。既要对症治疗，又要消除病因。不乱用药或滥用药，不提倡将药物添加到饵料中长期使用，提倡科学用药。

补充维生素及微量元素：补充维生素的不足，加强鱼体的抗病能力，促进肝脏损伤的修复和肝细胞的再生，促进机体康复。

第五章
团头鲂“浦江1号”养殖实例

第一节 团头鲂“浦江1号”夏季养成模式实例

一、养殖时间、地点

时间：从 2012 年 1 月开始至 8 月结束。地点：上海市松江区水产良种场小昆山基地。

二、池塘准备

标准化池塘 3 口，东西长、南北宽，有效水深 2.5 米左右，各自具有进、排水系统。每口池塘面积分别为 2 922 平方米、2 895 平方米、3 782 平方米，各配备一台自动投饵机和一台 3 千瓦叶轮式增氧机。

2011 年 12 月中旬，池塘进水 10～20 厘米，每亩用生石灰 100 千克全池泼洒，清塘消毒。

三、鱼种放养

鱼种为上海市松江区水产良种场培育的团头鲂"浦江1号"大规格鱼种。放养时间为2012年1月9日,鱼种放养时用20毫克/升高锰酸钾溶液浸浴5~10分钟。3口池塘放养三种不同的规格,平均规格分别为154克/尾、169克/尾、231克/尾的团头鲂"浦江1号"鱼种。池塘编号分别为成鱼1号、成鱼2号、成鱼3号,放养密度为1 800尾/亩,养殖周期为7个月。套养一定数量的鲢鱼、鳙鱼和鲫鱼。放养数量及重量等见表5.1。

表5.1 鱼种放养表

池号	面积(亩)	团头鲂"浦江1号"			鲢鱼		鳙鱼		鲫鱼	
		重量(千克)	数量(尾)	规格(千克/尾)	重量(千克)	数量(尾)	重量(千克)	数量(尾)	重量(千克)	数量(尾)
1	4.38	1214	7 884	0.154	43.5	174	32.5	130	88	876
2	4.34	1 320	7 812	0.169	43.6	175	32.6	131	89	872
3	5.67	2 357	10 206	0.231	56.8	227	42.5	170	115	1 134

四、投饲管理

2012年2—3月主要进行投饲前的准备工作,3月15日开始驯化,后正常投饲。饲料为"通威股份有限公司生产"的鳊鱼专用颗粒饲料,粗蛋白含量≥29%。养殖期间依据鱼体大小选择适宜粒径的饲料投喂。投喂时坚持"四定"原则,并根据水温、天气、水质和摄食的实际情况灵活掌握投喂量,每月投喂情况见表5.2。每月一次生长检查测。

表5.2　团头鲂"浦江1号"粒径配制和投喂情况

月份	饲料		日投饵率（%）	日投喂次数
	蛋白含量（%）	粒径（毫米）		
3月	29	2.5	0.5	
4月	29	3.2	1～1.5	2
5月	29	3.2	1.5～2.0	3
6月	29	3.2	2.5～3.0	4
7月	29	4.0	2.5～3.5	4
8月	29	4.0	2.5～3.5	4

五、水质管理

每周检测一次水质，高温季节每周两次。检测指标为：水温、溶解氧、pH值、透明度、亚硝酸盐等。每周加（换）水一次，每次30～50厘米。养殖期间每月全池泼洒微生物制剂1～2次，改善水质见表5.3。

六、鱼病管理

鱼病管理应坚持"预防为主、防治结合"的原则。定期在食场周围用漂白粉、生石灰等药物进行消毒，每月外用或内服杀虫、杀菌药物一次预防鱼病，用药详细情况见表5.3。

表5.3　防病日常情况表

月份	杀虫药物	杀菌药物	微生物制剂
4月	外用指环杀星1次	外用二氧化氯1次	EM菌1次
5月	外用90%晶体敌百虫1次	外用漂白粉1次	EM菌1次
6月	外用指环杀星1次	外用二氧化氯1次 内服1‰三黄粉1次	EM菌2次
7月	外用猫头专杀1次	外用漂白粉1次 内服1‰三黄粉1次	EM菌1次 光合细菌1次

七、效益情况

7月15日开始拌料投喂拜激灵，投喂量为100克/80千克饲料。拉网前停食2~3天，7月22日开始起捕，至7月28日结束。于凌晨大水位拉网，活水车加冰运输。产量和产值见表5.4。2012年7月塘边销售价为：团头鲂"浦江1号"13元/千克，鲢鱼5元/千克，鳙鱼10元/千克，鲫鱼10元/千克。单位利润2 027~2 830元/亩见表5.5。

表5.4　产量产值表

塘号	团头鲂"浦江1号"		鲢鱼	鳙鱼	鲫鱼	饲料系数	产值（元）
	产量（千克）	平均规格（千克/尾）	产量（千克）	产量（千克）	产量（千克）		
1	3 900	0.51	246	250	410	1.81	58 530
2	4 150	0.53	256	235	400	1.84	61 580
3	6 150	0.62	355	319	530	1.79	90 215

表5.5　养殖效益情况

塘号	1	2	3
苗种成本（元）	14 286	15 467	27 172
饲料成本（元）	21 000	22 000	28 400
药物成本（元）	438	434	567
耗电成本（元）	1 314	1 302	1 701
塘租费（元）	6 044	5 989	7 825
人工费（元）	6 570	6 510	8 505
总投入（元）	49 652	51 702	74 170
总产出（元）	58 530	61 580	90 215
总利润（元）	8 878	9 878	16 045
单位利润（元/亩）	2 027	2 276	2 830

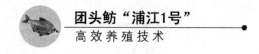

八、小结

①从资金投入和市场销售情况分析，夏季养成模式可加快资金周转，最大限度地降低养殖成本和减少销售风险。在商品鱼上市后，池塘闲置，导致池塘利用率低，但给两茬养殖模式提供了空间。8月上旬，放养经强化培育的大规格日本沼虾，进行第二茬养殖，至当年12月上市，可增加单位水体的经济效益。

②上市价格是影响团头鲂"浦江1号"养殖经济效益的主要因素。团头鲂"浦江1号"夏季养成模式的关键是放养大规格鱼种，虽然苗种资金投入较高，但放养大规格鱼种，成活率高，且缩短养殖周期，避开商品鱼集中上市的高峰期提前上市，价格高，可实现较好的养殖经济效益。

③团头鲂"浦江1号"夏季养成模式套养鲢、鳙的放养规格应尽量不低于250克/尾，鲫鱼的放养规格应不低于100克/尾，在起捕时可达到上市销售的规格；反之，则会影响养殖经济效益。

④团头鲂"浦江1号"夏季养成模式商品鱼上市一般在7月底至8月初，此时气温、水温均很高，鱼体体表易擦伤或充血发红，影响销售商品鱼的外观及价格。因此，拉网时宜谨慎带水操作。

第二节 团头鲂"浦江1号"秋季养成模式实例

一、养殖时间、地点

时间：从2010年1月开始至9月结束。地点：上海市松江区水产良种场小昆山基地。

二、池塘准备

标准化池塘 2 口，每口池塘面积均为 3 335 平方米，东西长、南北宽。有效水深 2.2 米左右，底部淤泥厚 15～20 厘米，水源无污染，pH 值 7.0～8.5，进、排水方便。每口池塘配置 3 千瓦叶轮式增氧机 1 台、3 千瓦潜水泵 1 台、投饲机 1 台。鱼种放养前 10 天，每亩用生石灰 150 千克化浆进行干法清塘，杀菌消毒。

三、鱼种放养

鱼种为上海市松江区水产良种场培育。放养时间为 2010 年 1 月 9 号，鱼种放养时，浓度为 3% 的食盐水浸泡消毒。具体放养情况见表 5.6。

表 5.6 放养情况表

品种	团头鲂"浦江1号"	鲢鱼	鳙鱼	鲫鱼
重量（千克）	2 376	90	60	112
数量（尾）	22 000	600	300	2 000
放养密度（尾/亩）	2 200	60	30	200
放养规格（克/尾）	108	150	200	56

四、投饲管理

饲养期间，投喂鳊鱼专用颗粒饲料。鱼种规格在 250 克以下时投喂粗蛋白含量 ≥30% 鱼种料，规格达到 250 克以上时投喂粗蛋白含量 ≥28% 成鱼料。

开春后，当水温达到 14℃时，冲水一次后，用投饲机驯化投饲，使其形成集群上浮抢食习性，驯食成功后即转入正常投喂。日投饲时间宜安排在日出、日落之间。因放养密度高，易受水体中溶解氧等制约，第一次投喂时间不宜过

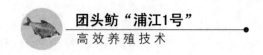
早，宜安排在日出后 1~2 小时，如上午 8：00—9：00 后投喂较好。水温在 20℃ 以下可投喂 1~2 次/日；20~24℃ 投喂 2~3 次/日；25~28℃，投喂 3~4 次/日；30℃ 以上水温可视水质条件、天气状况等适度降低投喂次数。日投喂量、日投饵频率可根据天气、水温、鱼情、水质等情况灵活掌控，正常情况下，当日每次投饵量比例可掌握在早上 25%、中午 40%、晚上 35%。

五、水质管理

一是定期补注新水，让水位处于稳定状态。3—5 月每 15 天换水一次，每次换水量为 20~30 厘米；6—10 月气温较高，池塘水体环境变化快，为了防止水质老化，每 7~10 天换水一次，每次换水量为 40~80 厘米；可用潜水泵抽去池塘底部水后加注新水，池塘水质始终保持"肥、活、嫩、爽"。二是定期泼洒生石灰、漂白粉。一般每半月泼洒一次，生石灰用量为 20~30 千克/亩；漂白粉用量为 0.5~1 千克/亩。三是使用微生物制剂调节水质。主要以芽孢杆菌、EM 菌、反硝化细菌等为主，微生物制剂可以有效降低水体中氨氮含量。四是根据鱼类的活动情况和气候变化适时开启增氧机。5—10 月晴天中午 13：00—14：00 增氧 1 小时，利用增氧机搅动池塘上、下层水体，释放有害气体，增加水体溶氧，防止缺氧泛塘。

六、鱼病防治

控制改善养殖水体的环境条件，加强饲养管理。在饲料中适当添加复合维生素、大蒜素、三黄粉等，改善鱼类的消化能力，增强鱼体抗病能力。养殖鱼类出现发病症状时，正确诊断病情，做到对症下药。选择高效、低毒无公害的渔药，严禁使用禁用渔药，注意相应的休药期，并做好养殖生产记录。

七、效益情况

9 月 22 日起捕销售，团头鲂"浦江 1 号"平均规格 0.62 千克/尾。2010

年9月底塘边销售价格分别为：团头鲂"浦江1号"11元/千克、鲢鱼5元/千克、鳙鱼10元/千克、鲫鱼11元/千克。饵料系数为1.86，单位经济效益2 198.5元/亩。具体情况见表5.7和表5.8。

表5.7 产量产值表

| 团头鲂"浦江1号" | | 鲢 | | 鳙 | | 鲫 | | 产值 |
产量（千克）	单位产量（千克/亩）	产量（千克）	单位产量（千克/亩）	产量（千克）	单位产量（千克/亩）	产量（千克）	单位产量（千克/亩）	（元）
13 200	1 320	855	85.5	630	63	1 310	131	170 185

表5.8 投入与产出表

| 项目 | 投入 | | | | | | | 产出 | 效益（元） | 单位效益（元/亩） |
	苗种成本（元）	饲料成本（元）	药物成本（元）	耗电成本（元）	塘租（元）	人工费（元）	投入合计（元）	总产出（元）		
金额	25 200	89 000	2 500	8 000	13 500	10 000	148 200	170 185	21 985	2 198.5

八、小结

①养殖过程中，要坚持早、中、晚巡塘，观察鱼类的摄食和活动情况，特别在高温季节的下半夜，密度高，易发生缺氧、浮头、泛池。发生浮头时，大量换水或加注新水是较有效的解决方法，或用增氧药物进行临时"急救"。

②团头鲂"浦江1号"秋季养成模式为密放、高产的传统养殖模式。养殖密度较高，水质调控有一定难度，尤其养殖中、后期，应谨防水质恶化引起鱼病发生。7—9月是团头鲂"浦江1号"出血病发病高峰期，要加强水质管理，勤用微生物制剂调节水质，保持水体生态平衡。微生物制剂调节池塘

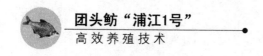

水质时，禁止与杀菌药物同时使用。泼洒微生物制剂时要启动增氧设施，可以提高效用。

第三节　团头鲂"浦江1号"两茬养殖模式实例

一、养殖时间、地点

时间：2010年1月开始至2010年12月结束。地点：上海市松江区浦南标准化养殖基地。

二、池塘准备

长方形、东西走向的池塘2口，面积分别为3 601.8平方米和3 535.1平方米。进、排水方便，塘底淤泥厚度20厘米左右。每个池塘各配置自动投饵机和3千瓦叶轮式增氧机各1台。

鱼种放养前15天，池塘进水10～20厘米，生石灰125千克/亩全池泼洒，放养前5天注水，进水口用60目筛网过滤，防止野杂鱼进入。施发酵有机肥料250千克/亩，培育池塘生物饵料。

三、鱼种放养

2010年1月15日进行第一次鱼种放养，放养时鱼种用3%的食盐水浸泡5分钟左右。夏季起捕团头鲂"浦江1号"（热水鱼）时，起捕率控制在95%以上。起捕后，二氧化氯全池泼洒一次。2010年8月20日进行第二次鱼种放养，每亩放养平均规格为60克/尾的团头鲂"浦江1号"夏花鱼种3 000尾，套养一定数量鲢、鳙夏花鱼种。放养后，二氧化氯全池泼洒一次。放养情况见表5.9。

表5.9　鱼种放养表

时间 （月日）	面积 （亩）	团头鲂"浦江1号"			鲢鱼		鳙鱼		鲫鱼	
		重量 （千克）	数量 （尾）	规格 （千克 /尾）	重量 （千克）	数量 （尾）	重量 （千克）	数量 （尾）	重量 （千克）	数量 （尾）
1.15	5.4	1 631	10 800	0.151	55	216	47.5	160	100	2 000
	5.3	1 601	10 600	0.151	55	216	47.5	160	100	2 000
合计	10.7	32 32	21 400		110	532	85	320	200	4 000
8.20	5.4	972	16 200	0.06	80	2 000	50	1 000		
	5.3	954	15 900	0.06	80	2 000	50	1 000		
合计	10.7	2 568	32 100							

四、投饲管理

养殖全过程使用同一种粗蛋白含量≥30%的不同粒径的鳊鱼专用颗粒饲料。3月底开始驯化投饲，4月、5月、10月投喂次数每天3次，投喂时间上午9：00、中午12：00、下午15：30；6月、7月、8月、9月投喂次数每天4次，投喂时间上午8：30、中午11：30、下午13：30和16：00。根据每天天气变化和鱼类的摄食情况合理投喂。每次投料结束后，用小拖网检查鱼类的摄食情况，并适当微调投饲量。每月投饵量占全年的投饵比例：3月为0.8%、4月为7%、5月为13%、6月为14%、7月为19%、8月为12%、9月为14%、10月为16%、11月为4.2%。

五、水质管理

3—6月，池塘水体水温逐渐升高，需依据水体中浮游动、植物的变化情况适时调节，池塘水体的透明度控制在35厘米左右。7—10月，池水的透明度控制在40厘米左右，保持水质"肥、活、嫩、爽"。每月用微生物制剂调控水质1~2次，且每月至少两次对池塘水质进行检测，发现问题及时进行调整。

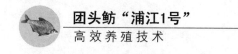

六、病害防治

4月初用杀虫药物全池泼洒一次，预防寄生虫病。5月后，每月1次用保肝灵、黄芪多糖内服，增强鱼体的免疫力；用二氧化氯消毒水体1次。针对团头鲂"浦江1号"成鱼养殖过程中发生的出血病，用止血停（苯扎溴铵）全池泼洒，并配以氟苯尼考粉、三黄粉等内服，防治效果良好。

七、效益情况

2010年7月30日开始拌料投喂拜激灵，投喂量为100克/80千克饲料。8月10日至8月14日起捕团头鲂"浦江1号"（热水鱼），平均规格为0.56千克/尾，塘边销售价格为：团头鲂"浦江1号"12元/千克、鲢鱼4元/千克、鳙鱼8元/千克。12月20日起捕，团头鲂"浦江1号"一龄鱼种平均规格为0.21千克/尾。塘边销售价格：团头鲂"浦江1号"一龄鱼种9元/千克、鲢、鳙鱼种5元/千克、鲫鱼11元/千克。全年饵料系数1.77，单位利润3 205元/亩，详见下表5.10。

表5.10　效益情况表

养殖品种	产量（千克/亩）	单位产值（元/亩）	支出类别	单位支出（元/亩）
团头鲂"浦江1号"商品鱼	1 075	12 900	鱼种	4 360
团头鲂"浦江1号"鱼种	582	5 240	饲料	9 960
鲢鱼	55	220	药物	250
鳙鱼	45	360	耗电	400
鲫鱼	105	1 155	塘租	1 350
鲢、鳙鱼种	150	750	人工	1 150
小计		20 625	小计	17 420

八、小结

①在8月起捕团头鲂"浦江1号"（热水鱼）时，应尽量将池塘中的商品鱼一次性售完，避免多次重复。同时，操作要细致，以免导致鱼体体表擦伤、充血发红，引发鱼病等。养殖结果分析，池塘中剩余少量商品鱼的规格与8月份热水鱼规格相比增重较少，试验数据初步证明，夏片鱼种的争食能力比成鱼强，对成鱼的生长有一定影响。

②第二次放养夏花鱼种的时间在8月，气温高，捕、放有一定的难度，需谨慎操作。因此，放养时只能用简单记数、打样来测算放养量，导致养殖产量等存在较小的差异。

③建议鲢、鳙鱼种的放养规格在0.25千克/尾以上，在8月销售团头鲂"浦江1号"商品鱼的同时销售鲢、鳙鱼。这样，在第二次放养套养一定数量鲢、鳙夏花鱼种，增加养殖经济效益。

④团头鲂"浦江1号"两茬养殖模式是最近几年发展较快的一种团头鲂"浦江1号"商品鱼高效养殖模式，由于该模式要求夏季进行苗种的二次放养，故适合养殖面积较小、分布区域广、捕捞、放养技术娴熟，且周围有高密度鱼种培育池的养殖户或单位。

第四节　团头鲂"浦江1号"冬季养成模式实例

一、试验时间、地点

时间：2011年1月开始至12月结束。地点：上海市松江区水产良种场小昆山基地。

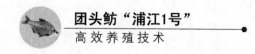

二、池塘条件

标准化池塘1口，面积3 335平方米，东西长、南北宽，底泥厚度约10厘米左右，塘底沟槽底泥不超过20厘米。有效水深2.5米，进、排水方便，并各自独立。配备自动投饵机、3千瓦叶轮式增氧机和3千瓦潜水泵各1台，增氧机连接一台溶氧自动控制器。2010年12月中旬，池塘进水10~20厘米，每亩用生石灰100千克全池泼洒，清塘消毒，杀灭野杂鱼、敌害生物和寄生虫等。

三、鱼种放养

鱼种为上海市松江区水产良种场培育，规格匀称健壮、无损伤。放养时间为2011年1月上旬，鱼种放养时用20毫克/升高锰酸钾溶液浸浴5~10分钟。放养规格为58克/尾，放养密度为2 580尾/亩，混养一定数量的鲢鱼、鳙鱼和鲫鱼，详见下表5.11。

表5.11 鱼种放养表

团头鲂"浦江1号"			鲢鱼		鳙鱼		鲫鱼	
重量（千克）	数量（尾）	规格（克/尾）	重量（千克）	数量（尾）	重量（千克）	数量（尾）	重量（千克）	数量（尾）
748	12 900	58	47.0	250	35.0	150	23.0	500

四、投饲管理

饲料为"通威股份有限公司"生产的鳊鱼专用颗粒饲料，粗蛋白含量≥29%。饲料投喂贯穿于整个养殖过程，掌握好投喂量，对鱼类的健康生长、降低饵料系数、控制上市规格和病害防治作用明显，因此，要合理确定饲料投喂量，做到精准投喂。

确定每天的投喂量，应根据团头鲂"浦江1号"的体重、水温、气候等条件的变化合理掌握。每次投料结束后，用食盆或小拖网检查鱼类的摄食情况。每月进行一次生长检测，依据检测数值，估算存塘量，并结合饲料检查情况，调整投饲量。同时，饲料粒径必须适口，便于吞咽，根据鱼类规格大小选用不同粒径的饲料。

五、水质管理

团头鲂"浦江1号"冬季养成模式，全程保持池水"肥、活、嫩、爽"，定期检测水质，平时每周2次，高温季节每天1次。

3—5月每15天换水一次，每次换水量为20～30厘米，池水的透明度控制在30厘米左右；6—10月气温较高，池塘水体环境变化快，为了防止水质老化，每7～10天换水一次，每次换水量为40～80厘米，也可用潜水泵抽去池塘底部水后加注新水，池水的透明度控制在40厘米左右。加注水后及时泼洒生石灰、漂白粉或二氧化氯，杀菌消毒。

自动增氧技术：池塘所配备叶轮式增氧机连接一台溶氧自动控制器，当夜间池塘水体溶解氧低于3毫克/升时，自动开启叶轮式增氧机增氧。6—10月，晴天中午12∶00—13∶00开启增氧机1小时。

六、病害防治

采用生态药物、免疫相结合的综合防治。首先，定期使用EM菌、光合细菌等微生态制剂或底质改良剂降解水体氨氮、亚硝酸盐等有毒有害物质，确保菌相、藻相平衡。其次，有针对性地定期外用、内服杀虫、杀菌药物，每月一次，有效防止病害发生。第三，在饵料中定期添加免疫增强剂，如维生素 c、β 葡聚糖等，增强鱼类体质。

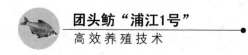
七、效益情况

2011 年 12 月 10 日起捕,团头鲂"浦江 1 号"平均规格 0.66 千克/尾。塘边销售价格分别为团头鲂"浦江 1 号"10.6 元/千克、鲢鱼价格 5 元/千克、鳙鱼价格 10 元/千克、鲫鱼价格 11 元/千克。饵料系数 1.86,单位效益 1 685元/亩(表 5.12 和表 5.13)。

表 5.12　产量产值表

团头鲂"浦江 1 号"		鲢鱼	鳙鱼	鲫鱼	饵料系数	产值(元)
产量(千克)	规格(千克/尾)	产量(千克)	产量(千克)	产量(千克)		
8 110	0.66	460	355	475	1.86	97 041

表 5.13　投入与产出表

项目	投入							单位效益(元/亩)
	苗种成本(元)	饲料成本(元)	药物成本(元)	耗电成本(元)	塘租(元)	人工费(元)	合计(元)	
金额	8 265	59 600	2 500	5 500	6 750	6 000	88 615	1 685

八、小结

①团头鲂"浦江 1 号"冬季养成模式为密放、高产的传统养殖,养殖中、后期池塘水体载鱼量高,易爆发鱼病和发生泛塘事故,养殖风险大;虽然单位产量高,但在商品鱼集中上市高峰期销售,受市场价格影响,高产不一定高效。

②养殖密度高,水质调控、鱼病防治难度增大;药物成本、耗电成本、

人力成本增加，在一定程度上影响养殖经济效益。

第五节 团头鲂"浦江1号"两次上市模式实例

一、实例一

1. 养殖时间、地点

时间：2012年1月开始至同年12月结束。地点：上海市松江区水产良种场浦南标准化养殖基地。

2. 池塘条件

标准化池塘1口，面积3 782平方米，东西长、南北宽，池深3米，有效水深2.5米左右，具有独立的进、排水系统。配备人工湿地，养殖用水经人工湿地净化处理循环使用；配置自动投饵机一台、3千瓦叶轮式增氧机一台。

2012年1月20日，池塘进水10～20厘米，每亩用生石灰100千克全池泼洒，清塘消毒。2012年2月1日注水，注水口用60目筛网过滤，防止敌害生物进入。

3. 鱼种放养

鱼种为上海市松江区水产良种场培育。放养时间为2012年2月8日，鱼种放养时用20毫克/升高锰酸钾溶液浸浴5～10分钟。具体放养情况见表5.14。

表 5.14　放养情况表

品种	团头鲂"浦江1号"	鲢鱼	鳙鱼	鲫鱼
重量（千克）	2 211	42	40.5	80
数量（尾）	10 630	227	170	1 700
放养密度（尾/亩）	1 875	40	30	300
放养规格（克/尾）	208	185	238	47

4. 投饲管理

选用饲料为"通威股份有限公司无锡分公司"生产的粗蛋白含量≥29%鳊鱼专用配合饲料，采用自动投饵机进行投喂。水温达到12℃时每天投饲一次；水温达到15℃时每天投饲两次；水温达到18℃时每天投饲三次；水温达到20℃时每天8：00—16：00等间距投饲四次。水温在20℃以下时理论投饵率为0.5%～1%，20～25℃时为1%～2%，25～28℃时为2%～3%，28～30℃时为3%～3.5%。饵料投喂首先根据水温确定理论投饲量，再结合鱼类摄食情况，最后确定实际投饲量。

5. 水质管理

每日测量水温、溶解氧，每周至少检测一次（高温季节2次），pH值（7～8.5）、透明度（25～40厘米）、氨氮（≤0.02毫克/升）、亚硝酸盐（≤0.1毫克/升）等指标，通过换水、增氧、泼洒微生物制剂或生石灰等相应措施，将池塘水体保持在良好状态。

6. 病害防治

坚持"预防为主、防治结合"的原则。首先，养殖用水经过人工湿地循环过滤、净化，有效降低水体悬浮物、有机碎屑及有害物质；其次，利用微生物制剂，养殖期间每10~15天对水质情况进行调控，前期以EM菌为主，中期以光合菌为主，后期以底质改良剂为主；第三，每15~20天用浓度为0.7克/米^{3}漂白粉泼洒消毒食场。

7. 效益情况

8月9日起捕，团头鲂"浦江1号"平均规格0.6千克/尾，塘边销售价格为12.5元/千克，本次出售3 144千克，剩余部分继续养殖。12月15日起捕，团头鲂"浦江1号"平均规格0.95千克/尾，产量为4 750千克，销往垂钓场，塘边销售价格为13元/千克，鲢鱼价格5元/千克，鳙鱼价格10元/千克，鲫鱼价格11元/千克。全年饵料系数为1.87，单位利润3 860元/亩见表5.15和表5.16。

表5.15　产量产值表

| 起捕日期 | 团头鲂"浦江1号" | | 鲢鱼 | 鳙鱼 | 鲫鱼 | 饵料系数 | 产值（元） |
	产量（千克）	规格（千克/尾）	产量（千克）	产量（千克）	产量（千克）		
8.9	3 144	0.6				1.87	112 742
12.15	4 750	0.95	385	309	607		

表5.16　投入与产出表

| 项目 | 投入 | | | | | | | 单位效益（元/亩） |
	苗种成本（元）	饲料成本（元）	药物成本（元）	耗电成本（元）	塘租（元）	人工费（元）	投入合计	
金额	27 000	44 000	1 700	4 500	7 654	6 000	90 854	3 860

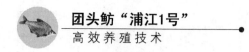

8. 小结

①团头鲂"浦江1号"两次上市模式前期鱼体较小，但养殖数量较多，后期鱼体较大，但养殖密度降低，池塘载鱼量在全年保持均衡、风险小，池塘水体利用率高。

②团头鲂"浦江1号"两次上市模式，在生产实践中已证明是一种高效养殖模式，适合具有垂钓休闲销售渠道的养殖户或单位，尤其适合养殖和垂钓为一体的养殖企业。

③团头鲂"浦江1号"两次上市模式中"热水鱼"的不同上市比例，是否对团头鲂"浦江1号"养殖经济效益产生影响需进一步研究。

二、实例二

1. 养殖时间、地点

时间：2013年1月开始至12月结束。地点：上海市松江区水产良种场小昆山基地。

2. 池塘条件

标准化池塘4口，东西长、南北宽，有效水深2.5米左右，进、排水方便，并各自独立。每口池塘配置自动投饵机一台、3千瓦叶轮式增氧机一台。

2013年1月10日，池塘进水10~20厘米，每亩用生石灰100千克全池泼洒，清塘消毒。2013年1月25日注水，注水口用60目筛网过滤，防止敌害生物进入。

3. 鱼种放养

鱼种为上海市松江区水产良种场培育。鱼种平均规格140克/尾，每亩放养2 000尾，计划第一次团头鲂"浦江1号"（热水鱼）上市时间为8月中旬，各池塘分别上市数量为1号塘600尾（30%）、2号塘800尾（40%）、10号塘1 000尾（50%）、11号塘1 200尾（60%），剩余部分养成大规格商品鱼年底上市。分析同一规格下不同热水商品鱼上市比例对团头鲂浦江1号"养殖经济效益的影响。

放养时间为2013年1月28日，鱼种放养前用20毫克/升高锰酸钾溶液浸浴5~10分钟。具体放养情况见表5.17。

表5.17　放养情况表

塘号	面积（亩）	团头鲂"浦江1号"		鲢鱼		鳙鱼		鲫鱼	
		规格（克/尾）	数量（尾）	规格（克/尾）	数量（尾）	规格（克/尾）	数量（尾）	规格（克/尾）	数量（尾）
1	5.59	140	11 180	150	280	200	168	100	1 398
2	5.04	140	10 080	150	252	200	151	100	1 260
10	5.44	140	10 880	150	272	200	163	100	1 360
11	5.03	140	10 060	150	252	200	151	100	1 258

4. 投饲管理

投饲管理同实例一。

5. 效益情况

8月11日起捕，团头鲂"浦江1号"平均规格0.51千克/尾以上，已达商品鱼规格，塘边销售价格为12.2元/千克。部分上市其余继续养殖。12月18日起捕，塘边销售价格分别为：团头鲂"浦江1号"12元/千克、鲢鱼5元/千克、鳙鱼10元/千克、鲫鱼12元/千克。具体效益情况见表5.18至表5.20。

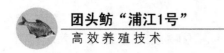

表 5.18　产量与产值表

塘号	面积（亩）	鲢鱼		鳙鱼		团头鲂"浦江1号"			鲫	
		产量（千克）	产值（元）	产量（千克）	产值（元）	出池规格（千克/尾）	产量（千克）	产值（元）	产量（千克）	产值（元）
1	5.59	597	2 985	398	3 980	0.52/0.8	1 938/5 600	96 444	564	6 768
2	5.04	522	2 610	357.5	3 575	0.51/0.825	2 189/4 636	86 974	525	6 300
10	5.44	545	2 725	380	3 800	0.52/0.89	2 857/4 470	92 972	577	6 924
11	5.03	495	2 475	352.5	3 525	0.53/0.925	3 175/3 575	85 210	540	6 480

表 5.19　成本测算表

塘号	鱼种（元）	塘租（元）	药物（元）	耗电（元）	人工（元）	饲料（元）	合计（元）
1	21 285	7 715	1 670	2 795	8 385	48 530	90 380
2	19 069	6 955	1 512	2 520	7 560	43 375	80 991
10	19 351	7 507	1 632	2 720	8 160	45 830	85 200
11	19 000	6 940	1 512	2 520	7 560	42 720	80 252

表 5.20　效益测算表

塘号	产值（元）	成本（元）	单位利润（元/亩）	饵料系数	首次上市比例（%）
1	104 577	90 380	2 540	1.85	33.3
2	94 823	80 991	2 744	1.82	42.6
10	101 944	85 200	3 078	1.79	50.5
11	94 115	80 252	2 756	1.81	59.6

6. 小结

根据实际数值及单位面积经济效益分析，团头鲂"浦江1号"两次上市模式中，"热水鱼"的上市比例以45%～50%为宜。

第六节　团头鲂"浦江1号"套养鳜鱼模式实例

一、养殖时间、地点

时间：2011年1月开始至12月结束。地点：上海市松江区水产良种场浦南标准化养殖基地。

二、池塘条件

标准化池塘1口，面积6 670平方米，长方形、东西走向；池底平坦、略向出水口一边倾斜；池深3米，有效水深2.2米，淤泥厚度约20厘米。水源水质清新、无污染，符合国家渔业水质标准。

池塘有完善的进、排水系统。2011年1月25日用生石灰带水清塘，水深20～30厘米，用量为120千克/亩全池泼洒，杀灭病原体。7天后加水至1.2米。配置3千瓦增氧机2台，自动投饲机2台。

三、鱼种放养

2011年2月5日开始放养，放养团头鲂"浦江1号"鱼种规格为150克/尾，放养密度为1 800尾/亩；2月8日放养150克/尾的鲢鱼500尾，150克/尾的鳙鱼300尾，50克/尾的鲫鱼1 000尾。6月10日，放养6厘米左右的翘嘴鳜300尾（表5.21）。

同一品种鱼体的规格大小基本一致。浓度为3%的食盐水浸洗鱼体5～10分钟后下塘，具体消毒时间应根据鱼的忍耐程度、水温等情况灵活掌握。

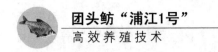

表 5.21　鱼种放养情况表

鳜鱼		团头鲂"浦江 1 号"		鲢鱼		鳙鱼		鲫鱼	
规格 （厘米）	数量 （尾）	规格 （克/尾）	数量 （尾）	规格 （克/尾）	数量 （尾）	规格 （克/尾）	数量 （尾）	规格 （克/尾）	数量 （尾）
6	300	150	18 000	150	500	150	300	50	1 000

四、水质管理

池塘水质调节主要采用以下措施：一是加换新鲜水。高温季节（6—9月），每 5～7 天加水 1 次，每次加水量为 20～30 厘米；每 15～20 天换水 1 次，每次换水量为 30%，保持池水透明度在 35～40 厘米。二是使用生石灰。每 10～15 天，每亩使用 10～15 千克生石灰加水化浆后趁热全池泼洒，调节 pH 值至 7.0～8.5。三是使用微生物制剂。定期使用 EM 菌、芽孢杆菌等微生物制剂，分解水体中的有害物质。四是科学使用增氧机，保持水体溶氧充足。安装溶氧自动控制器，设定池塘水体溶解氧下限，自动增氧，保持池塘水体溶解氧在 4 毫克/升以上。

五、投饲管理

3 月下旬，用投饲机驯化后，投喂鳊鱼专用配合饲料，生产商为"通威股份有限公司无锡分公司"。3—6 月，饲料蛋白含量为 30%；7—11 月，饲料蛋白含量为 28%。饵料投喂首先根据水温确定理论投饲量，再结合鱼类摄食情况，最后确定实际投饲量。于 7 月上旬投放 3 厘米左右的鲢鱼夏花约10 000 尾，为池内鳜鱼提供饵料鱼。

六、防病管理

在防病管理上，以团头鲂"浦江 1 号"为主，坚持"预防为主、防治结合、无病先防、有病早治"的原则，定期有针对性做好防病管理工作，防患于未然。发现鱼病，及时诊断，对症用药，用药时一定要统筹兼顾，用药剂量应准确，以免造成不必要损失。

七、日常管理

坚持早、晚各巡塘一次，遇到异常天气，应增加巡塘次数。定时检测水温、溶氧、pH值、透明度等水质指标；仔细观察鱼类的活动和摄食情况；及时捞除池内剩草、漂浮物等，并定期对食场及生产用具进行消毒处理；平时认真填写生产记录，详细记载放养、投喂、用药、生长、产量、销售等情况，并整理归档保存，为下一年的养殖生产提供参考依据。

八、效益情况

2011年8月10日上市部分团头鲂"浦江1号"热水鱼，2011年12月5日全部起捕结束，全年收获团头鲂"浦江1号"商品鱼12 030千克。2011年8月团头鲂"浦江1号"塘边销售价格为10.6元/千克，12月塘边销售价格为11元/千克。全年饵料系数为1.82，单位面积利润2 353元/亩。鳜鱼产量125千克，成活率75%，鳜鱼价格为40元/千克，扣除鳜鱼苗种费用（1 200元）以及饵料鱼所产生的费用（300元）外，套养鳜鱼均增单位面积利润350元/亩左右。具体效益情况见表5.22和表5.23。

表5.22 产量与产值表

| 鲫鱼 | 鲢鱼 | 鳙鱼 | 团头鲂"浦江1号" | | | 鳜鱼 | | | 合计 |
产量（千克）	产量（千克）	产量（千克）	出池规格（千克/尾）	产量（千克）	产值（元）	规格（千克/尾）	产量（千克）	产值（元）	产值（元）
818	900	660	0.55/0.85	11 450	123 750	0.55	125	5 000	148 850

表 5.23　效益测算表

鱼种（元）	耗电（元）	人工（元）	饲料（元）	塘租（元）	药物（元）	合计（元）	单位利润（元/亩）
27 500	5 000	10 000	66 320	13 500	3 000	125 320	2 353

九、小结

①团头鲂"浦江1号"套养鳜鱼模式，养殖至9月后，需及时补充饵料鱼，饵料鱼的规格以鳜鱼体长40%左右为宜。饵料鱼应保持一定的密度，保证鳜鱼每天能吃饱，在不超出池塘承载力的前提下，让其在池塘中边消耗边生长。

②鳜鱼喜清新水质不耐低氧，池塘承载量低，利于鳜鱼的生长。在主养鱼团头鲂"浦江1号"达到上市规格后，应及时上市销售，以降低池塘承载量。因此，团头鲂"浦江1号"两次上市的模式较适合套养鳜鱼。

第七节　团头鲂"浦江1号"套养河蟹模式实例

一、养殖时间、地点

时间：2012年1月开始至10月结束。地点：上海市松江区鱼跃水产专业合作社浦南养殖基地。

二、池塘条件

连片标准化池塘4口，每口池塘面积均为3 335平方米，呈长方形，东西走向。堤坝内坡坡比为1:3；池深2.5米，有效水深2.2米；池底平坦，淤泥厚度 15～20 厘米；周边环境安静，水源水质清新、无污染，符合国家渔业水质标准。池塘进、排水方便。

2012 年 2 月 5 日，用生石灰 200 千克/亩干法清塘，杀灭池中的病原体，7 天后加水至 1.2 米。进水时，用 60 目以上的滤网严密过滤，以防有害生物进入。每口池塘配置 3 千瓦增氧机和自动投饲机各 1 台。

三、鱼种、蟹种放养

2012 年 2 月 18 日放养鱼种，每亩放养 75 克/尾的团头鲂"浦江 1 号"鱼种 2 500 尾，200 克/尾的鲢鱼鱼种 50 尾、250 克/尾的鳙鱼鱼种 30 尾、100 克/尾的鲫鱼鱼种 200 尾。鱼种放养时用盐浓度为 3% 的食盐水浸洗鱼体 5～10 分钟后下塘。3 月 14 日每亩投放平均规格为 10 克/只的蟹种 300 只。蟹种要求肢体健全、体质健康无病；蟹种下塘前，先将蟹种放入 15 毫克/升高锰酸钾溶液中浸泡消毒 3～5 分钟后。鱼种和蟹种的具体放养情况见表 5.24。

表 5.24　放养情况表

放养种类	放养规格（克/尾）	放养密度（尾/亩）	放养数量（尾）	重量（千克）
团头鲂"浦江 1 号"	75	2 500	50 000	3 750
鲢鱼	200	50	1 000	200
鳙鱼	250	30	600	150
鲫鱼	100	200	4 000	400
河蟹	10	300	6 000	60

四、投饲管理

饲料投喂以团头鲂"浦江 1 号"为主，使用投饵机驯化，形成集群上浮抢食习性后正常投喂，并辅以少量浮萍。饲料为"通威股份有限公司无锡分

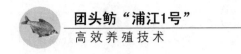

公司"生产的鳊鱼专用颗粒饲料。鱼种规格在 250 克以下时投喂粗蛋白含量 ≥30% 鱼种颗粒料，规格达到 250 克以上投喂粗蛋白含量 ≥28% 成鱼颗粒料。每月进行一次生长检测。

投喂坚持"四定原则"，日投喂量、日投饵频率根据天气、水温、鱼情、水质、生长检测等情况灵活掌控，及时调整。不另投河蟹饲料，条件允许的情况下，也可适当投鲜活螺蛳、新鲜小杂鱼等动物性饲料。

5 月初于池塘一角种植水花生，为河蟹提供安全蜕壳、隐蔽遮阴场所。水花生繁殖速度较快，应加以控制，水花生面积控制在池塘总面积的 10% 以下，以免面积太大对团头鲂"浦江 1 号"产量和效益产生不利影响。

五、水质管理

保持池塘水体"肥、活、嫩、爽"。3—5 月水体水深保持在 1.2 米左右，每 15 天换水一次，每次换水量为 20~30 厘米；6 月水深 1.5~1.8 米，7—10 月池塘达到最高水位 2.2 米。6—10 月气温较高，池塘水体水质变化快，为了防止水质老化，每 5~10 天换水一次，每次换水量为 40~80 厘米，可用潜水泵抽去池塘底层水后加注新水。每周检测水质 2~3 次。

每 15~20 天，每亩用 10~15 千克生石灰全池泼洒 1 次，调节水质，增加水体中钙离子的含量，利于河蟹蜕壳与疾病预防。定期使用 EM 菌、芽孢杆菌、光和细菌等微生物制剂，分解水中有害物质。

科学使用增氧机。6—10 月晴天中午 12：00—14：00 增氧 2 小时，利用增氧机搅动水体，释放有害气体，保持水体溶氧充足。

六、防病管理

在防病管理上，以团头鲂"浦江 1 号"为主，坚持"预防为主、防治结合、无病先防、有病早治"的原则。定期做好防病管理工作，每月生长检测时，同时进行鱼病诊断。鱼类一旦发病，应及时诊断，对症用药，用药时一定要统筹兼顾，以免造成损失。

七、日常管理

坚持早、晚各巡塘一次，遇到异常天气，增加巡塘次数。仔细观察鱼类的活动和摄食情况；平时认真填写生产记录，详细记载放养、投喂、用药、生长、产量、销售等情况，并整理归档保存，为下一年的养殖生产提供参考。

八、效益情况

2012年10月5日开始用地笼网起捕河蟹，10月19日开始起捕团头鲂"浦江1号"。塘边销售价格分别为：团头鲂"浦江1号"11元/千克、鲢鱼5元/千克、鳙鱼10元/千克、鲫鱼12元/千克。四口池塘平均饵料系数1.87，单位利润2 316元/亩；河蟹产量212千克，收获率35%，扣除蟹种费用（3 600元），套养河蟹均增单位利润200元/亩左右。具体效益情况见表5.25和表5.26。

表 5.25　产量与产值表

鲫鱼	鲢鱼	鳙鱼	团头鲂"浦江1号"			河蟹			合计
产量	产量	产量	规格	产量	产值	规格	产量	产值	产值
（千克）	（千克）	（千克）	（千克/尾）	（千克）	（元）	（克/只）	（千克）	（元）	（元）
3 600	1 800	1 188	0.56	26 125	287 375	75～125	212	7 560	359 015

表 5.26　效益测算表

鱼种	耗电	人工	饲料	塘租	药物	合计	单位利润
（元）	（元）	（元）	（元）	（元）	（元）	（元）	（元/亩）
42 550	16 000	20 000	200 150	27 000	7 000	312 700	2 316

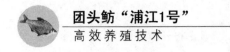
九、小结

①河蟹有逃逸的特性，逃逸的原因主要有以下两点：一是环境不适宜，二是生殖洄游。养殖过程中，水质不好时河蟹就会逃逸。因此，应强化水质管理，使池塘水质保持在良好状态，是做好团头鲂"浦江1号"套养河蟹、获得鱼蟹双丰收的重要措施。对于因生殖洄游引起的逃逸问题，则靠适时收获来解决。适时收获，是赶在河蟹生殖洄游季节到来之前捕捞，即在9月下旬开始捕捞（华东地区9月中上旬河蟹最后一次脱壳）。团头鲂"浦江1号"在河蟹收获后再起捕。

②用网拉捕，鱼蟹混合在同一网中，使蟹脚易脱落，且不易捕获河蟹。本试验河蟹收获时采用地笼网捕捞，效果较好，清塘时只发现少量漏网河蟹。

附录 1

中华人民共和国国家标准

GB/T 10029—2010

代替 GB/T 10029—2000

团 头 鲂

Bluntnose black bream

2011 – 01 – 10 发布　　　　　　　　　　　　2011 – 06 – 01 实施

中华人民共和国国家质量监督检验检疫总局
中 国 国 家 标 准 化 管 理 委 员 会　　发布

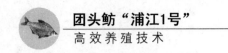

前　言

本标准代替 GB/T 10029—2000《团头鲂》。

本标准与 GB/T 10029—2000 相比主要变化如下：

——增加了 6.2.2 核 DNA 随机扩增多态 DNA（PAPD）（OPB2）标记电泳图谱。

本标准的附录 A 为资料性附录。

本标准由中华人民共和国农业部提出。

本标准由全国水产标准化技术委员会淡水养殖分技术委员会归口。

本标准起草单位：华中农业大学、中国水产科学研究院长江水产研究所。

本标准主要起草人：谢从新、熊传喜、张桂蓉。

本标准所代替标准的历次版本发布情况：

——GB 10029—1988、GB/T 10029—2000

团 头 鲂

1 范围

本标准给出了团头鲂（*Megalobrama amblycephala* Yih）的学名与分类、主要形态结构特征、生长与繁殖、遗传学特征、检验方法以及检验规则与结果判定。

本标准适用于团头鲂的种质检测与鉴定。

2 规范性引用文件

下列文件中的条款通过本标准的引用而构成本标准的条款。凡是注日期的引用文件，其随后所有的修改单（不包括勘误的内容）或修订版均不适用于本标准。然而，鼓励根据本标准达成协议的各方研究是否使用这些文件的最新版本。凡是不注日期的引用文件，其最新版本适用于本标准。

GB/T 18654.1　养殖鱼类种质检验　第1部分：检验规则

GB/T 18654.2　养殖鱼类种质检验　第2部分：抽样方法

GB/T 18654.3　养殖鱼类种质检验　第3部分：性状测定

GB/T 18654.4　养殖鱼类种质检验　第4部分：年龄与生长的测定

GB/T 18654.12　养殖鱼类种质检验　第12部分：染色体组型分析

GB/T 18654.13　养殖鱼类种质检验　第13部分：同工酶电泳分析

3 学名与分类

3.1 学名

团头鲂（*Megalobrama amblycephala* Yih）。

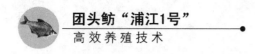

3.2 分类位置

鲤形目（Cypriniformes）、鲤科（Cyprinidae）、鲌亚科（Cultrinae）、鲂属（*Megalobrama*）。

4 主要形态结构特征

4.1 外部形态特征

4.1.1 外形

体高而侧扁，呈菱形。头小，吻钝圆，口端位，口裂较宽，上、下颌角度小。腹部自腹鳍至肛门间有皮质棱。尾柄短。上、下颌角质薄而窄，上颌角质呈三角形。背鳍不分枝鳍条为硬刺，最后一枚不分枝鳍条粗短，其长一般短于头长。胸鳍较短，不到或仅达腹鳍基部。上眶骨略呈三角形。体侧鳞片基部浅色，两侧灰黑色，在体侧形成数行浅色纵纹。

团头鲂的外形见图1。

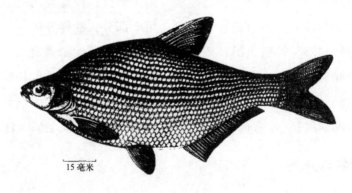

15毫米

图1　团头鲂外形图

4.1.2　可数性状

4.1.2.1　背鳍鳍式：D. iii – 7。

4.1.2.2　臀鳍鳍式：A. iii – 24～31，多数为 iii – 26～29。

4.1.2.3　侧线鳞数：50～60，多数为 54～56。

4.1.2.4　第一鳃弓外侧鳃耙数：12～17，多数为 13～15；内侧鳃耙数：22～24。

4.1.3　可量性状

不同体长组个体的可量性状变动值见表1。

表1　团头鲂不同体长组可量性状

全长（毫米）	26.5～29.2	124.0～183.0	195.0～248.0	307.0～400.0	430.0～530.0
体长（毫米）	20.5～22.5	10.0～157.0	170.0～213.0	252.0～336.0	365.0～450.0
体长/体高	3.51	2.29	2.32	2.09	2.25
体长/头长	3.17	4.60	4.88	5.17	5.67
体长/尾柄长	8.16	8.86	7.81	7.70	7.91
体长/尾柄高	9.34	8.47	8.41	7.63	7.91
头长/吻长	3.94	3.90	3.71	4.01	4.33
头长/眼径	3.04	3.74	4.07	4.33	4.19
头长/眼间距	3.13	3.27	2.18	1.97	1.89

4.2　内部结构特征

4.2.1　鳔

鳔分三室。中室最大（体长 150 毫米以下个体此特征不明显），后室最小。

4.2.2　下咽齿

下咽齿三行。齿式为 2（1）·4·4（5）/5（4）– 4·2（1）。

4.2.3　脊椎骨

脊椎骨总数：4 + 38 ~ 39。

GB/T 10029—2010

4.2.4　腹膜

腹膜为灰黑色。

5　生长与繁殖

5.1　生长

不同年龄组的鱼体长和体重实测值见表2。

表2　团头鲂各年龄组的体长和体重实测值

年龄（龄）	1	2	3	4
体长（毫米）	149 ~ 214	278 ~ 324	378 ~ 420	410 ~ 420
体重（克）	100 ~ 450	518 ~ 950	900 ~ 1 700	1 490 ~ 2 200

团头鲂的生长方程和体长与体重关系式参见附录 A

5.2　繁殖

5.2.1　成熟年龄：雌、雄鱼均为2龄。

5.2.2　性腺一年成熟一次，分批产出。

5.2.3　怀卵量：不同年龄组个体怀卵量见表3。

表3 团头鲂不同年龄组的个体怀卵量

年龄（龄）	2	3	4
体重（克）	518~950	900~1 700	1 490~2 200
绝对怀卵量（粒）	37 274~102 817	108 175~314 330	273 093~443 744
相对怀卵量（粒/克）	57~160	120~210	156~269

6 遗传学特性

6.1 细胞遗传学特性

肾细胞染色体数：$2n = 48$。臂数（NF）：92。组型公式：$18\,m + 26\,sm + 4\,st$。肾细胞染色体组型见图2。

2微米

图2 团头鲂贤细胞染色体组型图

6.2 生化遗传学特征

6.2.1 血清乳酸脱氢酶（LDH）同工酶

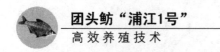

血清乳酸脱氢酶（LDH）同工酶电泳图见图3。

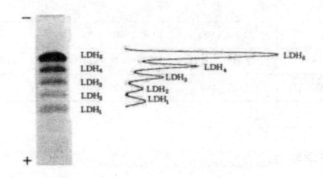

图 3　团头鲂血清 LDH 同工酶电泳图谱

6.2.2　核 DNA 随机扩增多态 DNA（PAPD）（OPB2）标记电泳图谱标记

核 DNA 随机扩增多态 DNA（PAPD）（OPB2）标记电泳图谱见图4。

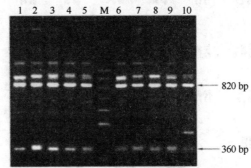

M:1 500,1 000,900,800,700,600,500,400,300 bp;1~10为个体编号：OPB2序列：TGATCCCTGG。

图 4　随机引物 OPB2 对团头鲂扩增电泳图谱

7 检验方法

7.1 抽样

按 GB/T 18654.2 的规定执行。

7.2 性状测定

按 GB/T 18654.3 的规定执行。

7.3 年龄鉴定

采用鳞片鉴定年龄。取背鳍起点以下至侧线鳞之间的鳞片 10 片左右,方法按 GB/T 18654.4 的规定执行。

7.4 染色体检测

按 GB/T 18654.12 的规定执行。

7.5 同工酶检测

按 GB/T 18654.13 的规定执行。

7.6 RAPD 方法和 PCR 反应条件

采用酚—氯仿法提取基因组 DNA。利用引物 0PB2 序列:5′— TGATC-CCTGG 进行 RAPD 扩增,扩增产物用 1.5% 琼脂糖电泳分离,在凝胶成像系统中观察、拍照。

采用 25 微升 PCR 反应体系。25 微升反应混合液中含 10×反应缓冲液 2.5 微升、0.1% Triton X—100、2.0 毫摩尔/升氯化镁、0.2 毫摩尔/升 dNTPs、

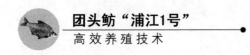

0.2 微摩尔/升（约 15 纳克）随机引物、1.5 U *Taq* DNA 聚合酶、适量模板 DNA，补充灭菌去离子水至 25 微升 。热循环参数为：94℃预变性 4 分钟；然后 94℃变性 1 分钟，36℃退火 1 分钟，72℃延伸 2 分钟，共 45 个循环；最后 72℃保温10 min，降温至 4℃保存。本 RAPD 引物可在团头鲂基因组中扩增出一 820 bp 和一 360 bp 的特异 DNA 带。

8　检验规则与结果判定

能够扩增出大小分别为 820 bp 和 360 bp 的两个标志带。其他测定结果应进行综合特征判定，按 GB/T 18654.1 的规定执行。

附录 A
（资料性附录）
生长方程、体长与体重关系式

A.1　体长和体重生长方程

体长和体重生长方程式见式（A.1）和式（A.2）

$$L_t = 42.03 \left[1 - e^{-1.3728(t-0.8658)} \right] \tag{A.1}$$

$$W_t = 1\,535.14 \left[1 - e^{-1.3728(t-0.8658)} \right]^{2.7665} \tag{A.2}$$

式中：

L_t——t 龄时鱼体体长，单位为厘米（厘米）；

W_t——t 龄时鱼体体重，单位为克（克）；

e——自然对数；

t——鱼的年龄。

A.2　体长和体重关系式

体长和体重关系式见式（A.3）

$$W = 0.047\,68L^{2.7665} \tag{A.3}$$

式中：

W——鱼体体重，单位为克（克）；

L——鱼体体长，单位为厘米（厘米）。

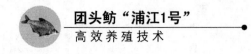
附录2

中华人民共和国国家标准

GB/T 11777—2006

代替 GB/T 11777—1989

鲢鱼苗、鱼种

Fry and fingerling of silver carp

2006 – 09 – 29 发布 　　　　　　　　　　　　　2006 – 12 – 01 实施

中华人民共和国国家质量监督检验检疫总局
　　　　　　　　　　　　　　　　　　　　　　发布
中 国 国 家 标 准 化 管 理 委 员 会

前　言

本标准的第五章和第六章为强制性条款，其余为推荐性条款。

本标准代替 GB/T 11777—1989《鲢鱼鱼苗、鱼种质量标准》。

本标准与 GB/T 11777—1989 相比主要变化如下：

——增加了前言；

——增加了对鲢危害性大、传染性强的常见疾病及诊断方法；

——增加了"检验规则"一章；

——增加了资料性附录（即鲢常见疾病及诊断方法）。

本标准的附录 A 为资料性附录。

本标准由中华人民共和国农业部提出。

本标准由全国水产标准化技术委员会淡水养殖分技术委员会归口。

本标准起草单位：中国水产科学研究院长江水产研究所、农业部淡水鱼类种质监督检验测试中心。

本标准主要起草人：周瑞琼、徐忠法、邹世平、方耀林、何力。

本标准所代替标准的历次版本发布情况：

——GB/T 11777—1989

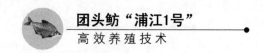
鲢鱼苗、鱼种

1 范围

本标准规定了鲢（Hypophthalmichthys molitrix）鱼苗、鱼种的术语和定义、苗种来源、质量要求、检验方法和检验规则。

本标准适用于鲢鱼苗、鱼种的质量评定。

2 规范性引用文件

下列文件中的条款通过本标准的引用而构成本标准的条款。凡是注日期的引用文件，其随后所有的修改单（不包括勘误的内容）或修订版均不适用于本标准。然而，鼓励根据本标准达成协议的各方研究是否使用这些文件的最新版本。凡是不注日期的引用文件，其最新版本适用于本标准。

GB/T 5055 青鱼、草鱼、鲢、鳙

GB/T 18654.3 养殖鱼类种质检验 第3部分：性状测量

3 术语和定义

下列术语和定义适用于本标准。

3.1 鱼苗 fry

受精卵发育出膜后至卵黄囊基本消失、鳔充气、能平游和主动摄食阶段的仔鱼。

3.2 鱼种 fingerling

鱼苗生长发育至体被鳞片、长全鳍条、外观已具备有成体基本特征的幼鱼。

4　苗种来源

4.1　鱼苗

由符合 GB/T 5055 规定的亲鱼人工繁殖的鱼苗或江河捕捞的天然鱼苗。

鱼种

由符合 4.1 规定的鱼苗培育成的鱼种。

5　鱼苗质量

5.1　外观

5.1.1　肉眼观察 95% 以上的鱼苗应符合 3.1 的规定，且鱼体半透明，有光泽。

5.1.2　集群游动，游动活泼，在容器中轻微搅动水体时，90% 以上的鱼苗有逆水游动能力。

5.1.3　规格整齐。

5.2　可数指标

畸形率小于 3%，伤残率小于 1%。

6　鱼种质量

6.1　外观

6.1.1　体型正常，鳍条、鳞被完整。

6.1.2　体色正常，体表光滑有粘液，游动活波。

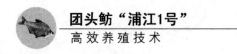

6.2 可数指标

畸形率小于1%，伤残率小于1%。

6.3 可量指标

各种规格（全长）的鱼种质量应不低于表1规定。

表1　鱼种规格

全长 （厘米）	体重 （克）	每千克尾数 （尾）	全长 （厘米）	体重 （克）	每千克尾数 （尾）	全长 （厘米）	体重 （克）	每千克尾数 （尾）
1.7	0.04	25 000	9.0	7.16	140.0	16.3	41.45	24.31
2.0	0.07	14 286	9.3	7.91	126.4	16.7	44.56	22.44
2.3	0.11	9 091	9.7	8.94	111.9	17.0	46.99	21.28
2.7	0.18	5 556	10.0	9.96	100.4	17.3	49.56	20.18
3.0	0.25	4 000	10.3	10.99	91.0	17.7	52.99	18.87
3.3	0.33	3 030	10.7	12.01	83.3	18.0	55.72	17.95
3.7	0.46	2 174	11.0	13.00	76.9	18.3	58.53	17.08
4.0	0.60	1 667	11.3	14.03	71.3	18.7	62.43	16.02
4.3	0.75	1 333	11.7	15.50	64.5	19.0	65.46	15.28
4.7	0.98	1 020	12.0	16.66	60.0	19.3	68.59	14.58
5.0	1.18	847	12.3	17.87	56.0	19.7	72.92	13.71
5.3	1.42	704	12.7	19.85	50.4	20.0	76.28	13.11
5.7	1.77	565	13.0	20.93	47.8	20.3	79.74	12.54
6.0	2.07	483	13.3	22.34	44.8	20.7	84.51	11.83
6.3	2.40	417	13.7	24.41	41.1	21.0	88.22	11.34
6.7	2.90	345	14.0	25.85	38.7	21.3	92.03	10.87
7.0	3.32	301	14.3	27.47	36.4	21.7	97.28	10.28
7.3	3.77	265	14.7	29.72	33.6	22.0	101.34	9.87

全长 （厘米）	体重 （克）	每千克尾数 （尾）	全长 （厘米）	体重 （克）	每千克尾数 （尾）	全长 （厘米）	体重 （克）	每千克尾数 （尾）
7.7	4.44	225	15.0	31.48	31.8	22.3	105.52	9.48
8.0	4.99	200	15.3	34.32	29.1	22.7	111.26	8.99
8.3	5.55	180	15.7	37.07	27.0	23.0	115.70	8.64
8.7	6.45	155	16.0	39.22	25.5	23.3	120.36	8.31

越冬鱼种的体重：长江流域及其以南地区应达到表1数值的90%以上；长江流域以北地区应达到85%以上。

6.4 病害

无细菌性败血症（淡水鱼类爆发性流行病）、白头白嘴、小瓜虫病和车轮虫病等传染性强、危害大的疾病。

7 检验方法

7.1 外观、可数性指标

把样品置于便于观察的容器内，肉眼逐项观察计数。

7.2 出厂检验

按GB/T 18654.3规定的方法测量。

7.3 病害检疫

按鱼病常规诊断方法检验，参见附录A。

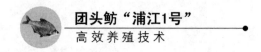

8 检验规则

8.1 检验分类

8.1.1 出场检验：每批鱼苗、鱼种产品应进行出场检验。出场检验由生产单位质量检验部门执行，检验项目为外观、可数指标和可量指标。

8.1.2 型式检验：检验项目为本标准中规定的全部项目。有下列情形之一者应进行型式检验：

a）新建养殖场培育的鲢鱼苗、鱼种；

b）养殖条件发生变化，可能影响苗种质量时；

c）国家质量监督机构或行业主管部门提出型式检验要求时；

d）出场检验与上次型式检验有较大差异时；

e）正常生产时，每年至少应进行一次周期性检验。

8.2 组批规则

以同一培育池、同一规格或一次交货的秒钟后作为一个检验批，销售前按批检验。

8.3 抽样方法

每批鱼苗、鱼种随机取样应在 100 为以上，鱼种可量性指标测量每批取样应在 30 尾以上。

8.4 判定规则

经检验，如病害项不合格，则判定该批鱼苗、鱼种为不合格，不得复检；其他有不合格项，应对原检验批取样进行复检，以复检结果为准。经复检，如仍有不合格项，则判定该批鱼苗或鱼种为不合格。

附 录 A

（资料性附录）

鲢常见病及诊断方法

表 A.1 鲢常见病及诊断方法

病名	病原体	症状	流行季节	诊断
细菌性败血病 bacterial septicemia	鳍水气单细胞菌（Aero-monas hydrophila）。菌体直，短杆状，两端圆无荚膜和芽孢，以极端单鞭毛运动，革兰氏染色阴性	病鱼上下颌、口腔、眼睛、腮盖表皮、鳍条基部及鱼体两侧均轻度充血，腮丝苍白，严重时体表和内脏充血症状加剧，眼球突出，肛门红肿，腹部膨大，腹腔内有黄色或红色腹水，肝、脾、肾均肿大，肠系膜、肠膜及肠壁充血，肠内无食物而有黏液或积水或有气	2—11月，水温 9~36℃，28℃ 最为严重	1. 根据症状及流行情况作初步诊断；2. 镜检。取病灶样在 10×40 倍显微镜下观察鉴定是否鳍水单胞菌。其要点为：革兰氏阴性短杆菌，菌体直，两端钝圆，有运动力，可基本确诊
白头白嘴病 White head and white mouth disease	一种革兰氏阴性杆菌，菌体细长，直径为 0.8 微米，长 5~9 微米，无鞭毛	病鱼仔吻端至眼球的一段皮肤溃烂，头前端和嘴周围色素消失，呈乳白色。口唇肿胀，张闭失灵，呼吸困难	5—7月，6月为发病高峰	根据症状和流行情况可初诊，或在池边观察水面游动的病鱼，明显可见白头白嘴的症状。确诊需要用显微镜检查患处黏液，可见大量滑行的杆菌
小瓜虫病 ichthyophthiriasis	多子小瓜虫（Ichithyoph-thirius multifiliis）。幼虫长卵形，前尖后钝，后端有一根粗而长的尾毛，全身披长短均匀的纤毛；成虫虫体球形，尾毛消失，有一马蹄形的大核	病鱼的皮肤、鳍条或腮瓣上，肉眼可见布满白色小点状囊泡，严重时体表似覆盖一层白色薄膜，鳞片脱落，鳍条裂开、腐烂。鱼体和腮瓣黏液增多，呼吸困难，反应迟钝，缓游水面。不久即死	初冬春末，水温 15~25℃	1. 肉眼可见体表或腮上有许多小白点；2. 镜检可见长卵形幼虫或具马蹄形细胞核的成虫

续表

病名	病原体	症状	流行季节	诊断
车轮虫病 trichodiniasis	车轮虫属（Trichodi-na）或小车轮虫属Trichod – inella）的多种类。车轮虫外形侧面观像碟子或毡帽，隆起面为口面，与之相对的面为反口面。反口面形似圆盘，内部有许多齿体逐个嵌接而成齿环。虫体自由游动时，像车轮般转动	病鱼黑瘦，体表黏液增多，成群沿池边狂游，呼吸困难	常年发生，尤其在5—8月	取体表黏液或鳃丝在显微镜下观察，如有车轮虫游动即可诊断

附录3

中华人民共和国国家标准

GB/T 11778—2006
代替 GB/T 11778—1989

鳙鱼苗、鱼种

Fry and fingerling of bighead carp

2006 - 09 - 29 发布　　　　　　　　　　2006 - 12 - 01 实施

中华人民共和国国家质量监督检验检疫总局
中 国 国 家 标 准 化 管 理 委 员 会　发布

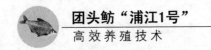

前　言

本标准的第 5 章和第 6 章为强制性条款，其余为推荐性条款。

本标准代替 GB/T 11778—1989《鳙鱼鱼苗、鱼种质量标准》。

本标准与 GB/T 11778—1989 相比主要变化如下：

——增加了前言；

——增加了对鳙危害性大、传染性强的常见疾病及诊断方法；

——增加了"检验规则"一章；

——增加了资料性附录（即鳙常见疾病及诊断方法）。

本标准的附录 A 为资料性附录。

本标准由中华人民共和国农业部提出。

本标准由全国水产标准化技术委员会淡水养殖分技术委员会归口。

本标准起草单位：中国水产科学研究院长江水产研究所、农业部淡水鱼类监督检验测试中心。

本标准主要起草人：周瑞琼、徐忠法、邹世平、方耀林、艾晓辉、何力。

本标准所代替标准的历次版本发布情况：

——GB/T 11778—1989

鳙鱼苗、鱼种

1 范围

本标准规定了鳙（Aristichthys nobilis）鱼苗、鱼种的术语和定义、苗种来源、质量要求、检验方法和检验规则。

本标准适用于鳙鱼苗、鱼种的质量评定。

2 规范性引用文件

下列文件中的条款通过本标准的引用而成为本标准的条款。凡是注日期的引用文件，其随后所有的修改单（不包括勘误的内容）或修订版均不适用于本标准。然而，鼓励根据本标准达成协议的各方研究是否使用这些文件的最新版本。凡是不注日期的引用文件，其最新版本适用于本标准。

GB/T 5055　青鱼、草鱼、鲢、鳙 亲鱼

GB/T18654.3　养殖鱼类种质检验第3部分：性状测量

3 术语和定义

下列术语和定义适用于本标准。

3.1　鱼苗 fry

受精卵发育出膜后至卵黄囊基本消失、鳔充气、能平游和主动摄食阶段的仔鱼。

3.2　鱼种 fingerling

鱼苗生长发育至体被鳞片、长全鳍条，外观已具有成体基本特征的幼鱼。

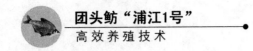

4 苗种来源

4.1 鱼苗

由符合 GB/T 5055 规定的亲鱼人工繁殖的鱼苗或江河捕捞的天然鱼苗。

4.2 鱼种

由符合 4.1 规定的鱼苗培育成的鱼种。

5 鱼苗质量

5.1 外观

5.1.1 肉眼观察 95% 以上的鱼苗应符合 3.1 的规定，且鱼体半透明，有光泽。

5.1.2 集群游动，游动活泼，在容器中轻微搅动水体时，90% 以上的鱼苗有逆水游动能力。

5.1.3 规格整齐

5.2 可数指标

畸形率小于 3%，伤残率小于 1%。

6 鱼种质量

6.1 外观

6.1.1 体型正常，鳍条、鳞被正常。

6.1.2 体色正常，体表光滑有黏液，游动活泼。

6.2 可数指标

畸形率小于1%，伤残率小于1%。

6.3 可量指标

各种规格（全长）的鱼种质量应不低于表1的规定

表1 鱼种规格

全长（厘米）	体重（克）	每千克尾数（尾）	全长（厘米）	体重（克）	每千克尾数（尾）	全长（厘米）	每千克尾数（尾）	全长（厘米）
1.7	0.04	25 000	9.0	7.46	134.0	16.3	47.02	21.26
2.0	0.07	14 286	9.3	8.27	120.9	16.7	50.85	19.67
2.3	0.10	10 000	9.7	9.34	107.0	17.0	53.87	18.56
2.7	0.17	5 882	10.0	10.37	96.4	17.3	57.00	17.54
3.0	0.24	4 167	10.3	11.29	88.6	17.7	51.37	16.29
3.3	0.32	3 125	10.7	12.64	79.4	18.0	64.80	15.43
3.7	0.46	2 174	11.0	13.73	78.8	18.3	68.35	14.63
4.0	0.59	1 659	11.3	14.87	67.2	18.7	7.3.50	13.61
4.3	0.74	1 351	11.7	16.49	60.6	19.0	77.17	12.96
4.7	0.97	1 031	12.0	17.97	55.6	19.3	81.18	12.32
5.0	1.18	847	12.3	19.14	52.2	19.7	86.74	11.53
5.3	1.42	704	13.7	20.51	48.8	20.0	91.08	10.98
5.7	1.78	562	13.0	21.56	46.4	20.3	95.57	10.46
6.0	2.09	478	13.3	24.16	41.4	20.7	101.79	9.82
6.3	2.44	410	13.7	26.39	37.9	21.0	106.64	9.38
6.7	2.96	338	14.0	28.40	33.2	21.3	111.61	8.96
7.0	3.41	293	14.3	32.62	30.7	21.7	118.56	8.43
7.3	3.87	258	14.7	34.23	29.2	22.0	123.94	8.07

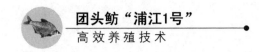

全长 （厘米）	体重 （克）	每千克尾数 （尾）	全长 （厘米）	体重 （克）	每千克尾数 （尾）	全长 （厘米）	每千克尾数 （尾）	全长 （厘米）
7.7	4.58	218	15.0	36.84	27.1	22.3	129.74	7.72
8.0	5.16	194	15.3	38.32	26.1	22.7	137.14	7.29
8.3	5.79	173	15.7	41.65	24.0	23.0	143.90	6.95
8.7	6.71	149	16.0	44.28	22.6	23.3	149.21	6.70

越冬过后鱼种的体重：长江流域及其以南地区应达到表1种数值的90%以上；长江流域以北地区应达到85%以上。

6.4 病害

无细菌性败血病（淡水鱼类暴发性流行病）、白头白嘴病、小瓜虫病和车轮虫病等传染性强、危害大的疾病。

7 检验方法

7.1 外观、可数指标

把样品置于便于观察的容器中，肉眼逐项观察计数。

7.2 可量指标

按 GB/T 18654.3 规定的方法测量。

7.3 病害检测

按鱼病常规诊断方法检验，参见附录 A。

8 检验规则

8.1 检验分类

8.1.1 出厂检验：每批鱼苗、鱼种产品应进行出厂检验。出厂检验由生产单位质量检验部门执行，检验项目为外观、可数指标和可量指标。

8.1.2 型式检验：检验项目为本标准规定的全部项目。有下列情形之一者应进行型式检验：

a）新建养殖场培育的鳙鱼苗、鱼种；

b）养殖条件发生变化，可能影响苗种质量时；

c）国家质量监督机构或行业主管部门提出型式检验要求时；

d）出场检验与上次型式检验有较大差异时；

e）正常生产时，每年至少进行一次周期性检验。

8.2 组批规则

以同一培育池、同一规格或一次交货的苗种作为一个检验批，销售前按批检验。

8.3 抽样方法

每批鱼苗、鱼种随机抽样应在100尾以上，鱼种可量指标测量每批取样应在30尾以上。

8.4 判定规则

经检验，如病害项不合格，则判定该批鱼苗、鱼种为不合格，不得复检；其他有不合格项，应对原检验批取样进行复检，以复检结果为准。经复检，如仍有不合格项，则判定该批鱼苗或鱼种为不合格。

附录 A

（资料性附录）

鳊常见病及诊断方法

表 A.1　鳊常见病及诊断方法

病名	病原体	症状	流行季节	诊断
细菌性败血病 bacterial septicemia	鳊水气单细胞菌（Aero - monas hydrophila）。菌体直，短杆状，两端圆无荚膜和芽孢，以极端单鞭毛运动，革兰氏染色阴性	病鱼上下颌、口腔、眼睛、腮盖表皮、鳍条基部及鱼体两侧均轻度充血，腮丝苍白，严重时体表和内脏充血症状加剧，眼球突出，肛门红肿，腹部膨大，腹腔内有黄色或红色腹水，肝、脾、肾均肿大，肠系膜、肠膜及肠壁充血，肠内无食物而有黏液或积水或有气	2—11 月，水温 9～36℃，28℃最为严重	1. 根据症状及流行情况作初步诊断；2. 镜检。取病灶样在 10×40 倍显微镜下观察鉴定是否鳊水单胞菌。其要点为：革兰氏阴性短杆菌，菌体直，两端钝圆，有运动力，可基本确诊
白头白嘴病 White head and white mouth disease	一种革兰氏阴性杆菌，菌体细长，直径为 0.8 微米，长 5～9 微米，无鞭毛	病鱼仔吻端至眼球的一段皮肤溃烂，头前端和嘴周围色素消失，呈乳白色。口唇肿胀，张闭失灵，呼吸困难	5—7 月，6 月为发病高峰	根据症状和流行情况可初诊，或在池边观察水面游动的病鱼，明显可见白头白嘴的症状。确诊需要用显微镜检查患处黏液，可见大量滑行的杆菌
小瓜虫病 ichthyophthiriasis	多子小瓜虫（Ichithyoph - thirius multifiliis）。幼虫长卵形，前尖后钝，后端有一根粗而长的尾毛，全身披长短均匀的纤毛；成虫虫体球形，尾毛消失，有一马蹄形的大核	病鱼的皮肤、鳍条或腮瓣上，肉眼可见布满白色小点状囊泡，严重时体表似覆盖一层白色薄膜，鳞片脱落，鳍条裂开、腐烂。鱼体和腮瓣黏液增多，呼吸困难，反应迟钝，缓游水面。不久即死	初冬春末，水温 15～25℃	1. 肉眼可见体表或腮上有许多小白点；2. 镜检可见长卵形幼虫或具马蹄形细胞核的成虫

病名	病原体	症状	流行季节	诊断
车轮虫病 trichodiniasis	车轮虫属（Trichodi-na）或小车轮虫属Trichod－inella）的多种类。车轮虫外形侧面观像碟子或毡帽，隆起面为口面，与之相对的面为反口面。反口面形似圆盘，内部有许多齿体逐个嵌接而成齿环。虫体自由游动时，像车轮般转动	病鱼黑瘦，体表黏液增多，成群沿池边狂游，呼吸困难	常年发生，尤其在5—8月	取体表黏液或腮丝在显微镜下观察，如有车轮虫游动即可诊断

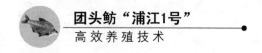

团头鲂"浦江1号"
高效养殖技术

附录4

中华人民共和国国家标准
渔 业 水 质 标 准
GB 11607—89

Water quality standard for fisheries

为贯彻执行中华人民共和国《环境保护法》、《水污染防治法》和《海洋环境保护法》、《渔业法》，防止和控制渔业水域水质污染，保证鱼、贝、藻类正常生长、繁殖和水产品的质量，特制订本标准。

1 主题内容与适用范围

本标准适用鱼虾类的产卵场、索饵、越冬场、洄游通道和水产增养殖区等海、淡水的渔业水域。

2 引用标准

GB 5750   生活应用水标准检验法

GB 6920   水质   pH 值的测定   玻璃电极法

GB 7467   水质   六价铬的测定   二碳酰二肼分光光度法

GB 7468   水质   总汞测定   冷原子吸收分光光度法

GB 7469   水质   总汞测定   高锰酸钾－过硫酸钾消除法 双硫腙分光光度法

GB 7470　水质　铅的测定　双硫腙分光光度法

GB 7471　水质　镉的测定　双硫腙分光光度法

GB 7472　水质　锌的测定　双硫腙分光光度法

GB 7474　水质　铜的测定　二乙基二硫代氨基甲酸钠分光光度法

GB 7475　水质　铜、锌、铅、镉的测定　原子吸收分光光度法

GB 7479　水质　铵的测定　纳氏试剂比色法

GB 7481　水质　氨的测定　水杨酸分光光度法

GB 7482　水质　氟化物的测定　茜素磺酸锆目视比色法

GB 7484　水质　氟化物的测定　离子选择电极法

GB 7485　水质　总砷的测定　二乙基二硫代氨基甲酸银分光光度法

GB 7486　水质　氰化物的测定　第一部分：总氰化物的测定

GB 7488　水质　五日生化需氧量（BOD5）　稀释与接种法

GB 7489　水质　溶解氧的测定　碘量法

GB 7490　水质　挥发酚的测定　蒸馏后4－氨基安替比林分光光度法

GB 7492　水质　六六六、滴滴涕的测定　气相色谱法

GB 8972　水质　五氯酚的测定　气相色谱法

GB 9803　水质　五氯酚钠的测定　藏红T分光光度法

GB 11891　水质　凯氏氮的测定

GB 11901　水质　悬浮物的测定　重量法

GB 11910　水质　镍的测定　丁二铜肟分光光度法

GB 11911　水质　铁、锰的测定　火焰原子吸收分光光度法

GB 11912　水质　镍的测定　火焰原子吸收分光光度法

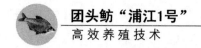
3 渔业水质要求

3.1 渔业水域的水质，应符合渔业水质标准（见表1）

表1 渔业水质标准

毫克/升

项目序号	项　　目	标　准　值
1	色、臭、味	不得使鱼、虾、贝、藻类带有异色、异臭、异味
2	漂浮物质	水面不得出现明显油膜或浮沫
3	悬浮物质	人为增加的量不得超过10，而且悬浮物质沉积于底部后，不得对鱼、虾、贝类产生有害的影响
4	pH 值	淡水 6.5～8.5，海水 7.0～8.5
5	溶解氧	连续24小时中，16小时以上必须大于5，其余任何时候不得低于3，对于鲑科鱼类栖息水域冰封期其余任何时侯不得低于4
6	生化需氧量（五天、20℃）	不超过5，冰封期不超过3
7	总大肠菌群	不超过 5 000 个/升（贝类养殖水质不超过500 个/升）
8	汞	≤0.0005
9	镉	≤0.005
10	铅	≤0.05
11	铬	≤0.1
12	铜	≤0.01
13	锌	≤0.1
14	镍	≤0.05
15	砷	≤0.05
16	氰化物	≤0.005
17	硫化物	≤0.2
18	氟化物（以 F⁻ 计）	≤1
19	非离子氨	≤0.02
20	凯氏氮	≤0.05

项目序号	项　　目	标　准　值
21	挥发性酚	≤0.005
22	黄磷	≤0.001
23	石油类	≤0.05
24	丙烯腈	≤0.5
25	丙烯醛	≤0.02
26	六六六（丙体）	≤0.002
27	滴滴涕	≤0.001
28	马拉硫磷	≤0.005
29	五氯酚钠	≤0.01
30	乐果	≤0.1
31	甲胺磷	≤1
32	甲基对硫磷	≤0.000 5
33	呋喃丹	≤0.01

3.2　各项标准数值系指单项测定最高允许值。

3.3　标准值单项超标，即表明不能保证鱼、虾、贝正常生长繁殖，并产生危害，危害程度应参考背景值、渔业环境的调查数据及有关渔业水质基准资料进行综合评价。

4　渔业水质保护

4.1　任何企、事业单位和个体经营者排放的工业废水、生活污水和有害废弃物，必须采取有效措施，保证最近渔业水域的水质符合本标准。

4.2　未经处理的工业废水、生活污水和有害废弃物严禁直接排入鱼、虾类的产卵场、索饵场、越冬场和鱼、虾、贝、藻类的养殖场及珍贵水生动物保护区。

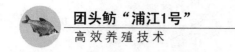

4.3 严禁向渔业水域排放含病源体的污水；如需排放此类污水，必须经过处理和严格消毒。

5 标准实施

5.1 本标准由各级渔政监督管理部门负责监督与实施，监督实施情况，定期报告同级人民政府环境保护部门。

5.2 在执行国家有关污染物排放标准中，如不能满足地方渔业水质要求时，省、自治区、直辖市人民政府可制定严于国家有关污染排放标准的地方污染物排放标准，以保证渔业水质的要求，并报国务院环境保护部门和渔业行政主管部门备案。

5.3 本标准以外的项目，若对渔业构成明显危害时，省级渔政监督管理部门应组织有关单位制订地方补充渔业水质标准，报省级人民政府批准，并报国务院环境保护部门和渔业行政主管部门备案。

5.4 排污口所在水域形成的混合区不得影响鱼类洄游通道。

6 水质监测

6.1 本标准各项目的监测要求，按规定分析方法（表2）进行监测。

6.2 渔业水域的水质监测工作，由各级渔政监督管理部门组织渔业环境监测站负责执行。

表 2 渔业水质分析方法

序号	项目	测定方法	试验方法标准编号
3	悬浮物质	重量法	GB 11901
4	pH 值	玻璃电极法	GB 6920
5	溶解氧	碘量法	GB 7489
6	生化需氧量	稀释与接种法	GB 7488

续表

序号	项目	测定方法	试验方法标准编号
7	总大肠菌群	多管发酵法滤膜法	GB 5750
8	汞	冷原子吸收分光光度法	GB 7468
		高锰酸钾－过硫酸钾消解 双硫腙分光光度法	GB 7469
9	镉	原子吸收分光光度法	GB 7475
		双硫腙分光光度法	GB 7471
10	铅	原子吸收分光光度法	GB 7475
		双硫腙分光光度法	GB 7470
11	铬	二苯碳酰二肼分光光度法（高锰酸盐氧化）	GB 7467
12	铜	原子吸收分光光度法	GB 7475
		二乙基二硫代氨基甲酸钠分光光度法	GB 7474
13	锌	原子吸收分光光度法	GB 7475
		双硫腙分光光度法	GB 7472
14	镍	火焰原子吸收分光光度法	GB 11912
		丁二铜肟分光光度法	GB 11910
15	砷	二乙基二硫代氨基甲酸银分光光度法	GB 7485
16	氰化物	异烟酸－吡啶啉酮比色法 吡啶－巴比妥酸比色法	GB 7486
17	硫化物	对二甲氨基苯胺分光光度法[1)]	
18	氟化物	茜素磺锆目视比色法	GB 7482
		离子选择电极法	GB 7484
19	非离子氨[2)]	纳氏试剂比色法	GB 7479
		水杨酸分光光度法	GB 7481
20	凯氏氮		GB 11891
21	挥发性酚	蒸馏后 4－氨基安替比林分光光度法	GB 7490
22	黄磷		
23	石油类	紫外分光光度法[1)]	
24	丙烯腈	高锰酸钾转化法[1)]	
25	丙烯醛	4－乙基间苯二酚分光光度法	
26	六六六（丙体）	气相色谱法	GB 7492

续表

序号	项目	测定方法	试验方法标准编号
27	滴滴涕	气相色谱法	GB 7492
28	马拉硫磷		
29	五氯酚钠	紫外分光光度法[1]	GB 8972
		藏红剂分光光度法	GB 9803
30	乐果	气相色谱法[3]	
31	甲胺磷		
32	甲基对硫磷	气相色谱法[3]	
33	呋喃丹		

注：暂时采用下列方法，待国家标准发布后，执行国家标准。

1）渔业水质检验方法为农牧渔业部 1983 年颁布。

2）测得结果为总氨浓度，然后按表 A1、表 A2 换算为非离子浓度。

3）地面水水质监测检验方法为中国医学科学院卫生研究所 1978 年颁布。

附录 A
总氮换算表
（补充件）

表 A1　氨的水溶液中非离子氨的百分比

温度℃					pH 值				
5	6.0	6.5	7.0	7.5	8.0	8.5	9.0	9.5	10.0
10	0.013	0.040	0.12	0.39	1.2	3.8	11	28	56
15	0.019	0.059	0.19	0.59	1.8	5.5	16	37	65
20	0.027	0.087	0.27	0.86	2.7	8.0	21	46	73
1	0.040	0.13	1.4	1.2	3.8	11	28	56	80
25	0.057	0.18	1.57	1.8	5.4	15	36	64	85
30	0.080	0.25	2.80	2.5	7.5	20	45	72	89

表 A2　总氮（$NH_4^+ + NH_3$）浓度，其中非离子氨浓度 0.020 毫克/升（NH_3）毫克/升

温度℃					pH 值				
5	6.0	6.5	7.0	7.5	8.0	8.5	9.0	9.5	10.0
10	160	51	16	5.1	1.6	0.53	0.18	0.071	0.036
15	110	34	11	3.4	1.1	0.36	0.13	0.054	0.031
20	73	23	7.3	2.3	0.75	0.25	0.093	0.043	0.027
1	50	16	5.1	1.6	0.52	0.18	0.070	0.036	0.025
25	35	11	3.5	1.1	0.37	0.13	0.55	0.031	0.024
30	25	7.6	2.5	0.81	0.27	0.099	0.045	0.028	0.022

附加说明：

本标准由国家环境保护局标准处提出。

本标准有渔业水质标准修订组负责起草。

本标准委托农业部渔政渔港监督管理局负责解释。

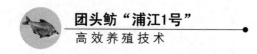

附录 5

中华人民共和国农业行业标准

NY 5071—2002
代替 NY 5071—2001

无公害食品 渔用药物使用准则

2002－7－25 发布　　　　　　　　　　　　2002－09－01 实施

中华人民共和国农业部　发布

前　言

本标准是对 NY 5071—2001《无公害食品渔用药物使用准则》的修订。修订中，将原标准中的附录 A 和附录 B 合并为表1，附录 C 改为表2，直接放在标准正文中，并对其内容做了调整，修改与补充。同时也对部分章、条作了修改与补充。

本标准由中华人民共和国农业部提出。

本标准由全国水产标准化技术委员会归口。

本标准起草单位：中国科学院珠江水产研究所、上海水产大学、广东出入境检验检疫局。

本标准主要起草人：邹为民、杨先乐、姜兰、吴淑勤、宜齐、吴建丽。

本标准所代替标准的历次版本发布情况为：NY 5071—2001。

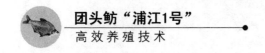

无公害食品 渔用药物使用准则

1 范围

本标准规定了渔用药物使用的基本原则、渔用药物的使用方法以及禁用渔药。

本标准适用于水产增养殖中的健康管理及病害控制过程中的渔药使用。

2 规范性引用文件

下列文件中的条款通过本标准的引用而成为本标准的条款。凡是注日期的引用文件，其随后所有的修改单（不包括勘误的内容）或修订版均不适用于本标准，然而，鼓励根据本标准达成协议的各方研究是否可使用这些文件的最新版本。凡是不注日期的引用文件，其最新版本适用于本标准。

NY 5070 无公害食品 水产品中渔药残留限量

NY 5072 无公害食品 渔用配合饲料安全限量

3 术语和定义

下列术语和定义适用于本标准。

3.1 渔用药物 fishery drugs

用以预防、控制和治疗水产动植物的病、虫、害，促进养殖品种健康生长，增强机体抗病能力以及改善养殖水体质量的一切物质，简称"渔药"。

3.2 生物源渔药 biogenic fishery medicines

直接利用生物活体或生物代谢过程中产生的具有生物活性的物质或从生

物体提取的物质作为防治水产动物病害的渔药。

3.3 渔用生物制品 fishery biopreparate

应用天然或人工改造的微生物、寄生虫、生物毒素或生物组织及其代谢产物为原材料，采用生物学、分子生物学或生物化学等相关技术制成的、用于预防、诊断和治疗水产动物传染病和其他有关疾病的生物制剂。它的效价或安全性应采用生物学方法检定并有严格的可靠性。

3.4 休药期 withdrawal time

最后停止给药日至水产品作为食品上市出售的最短时间。

4 渔用药物使用基本原则

4.1 渔用药物的使用应以不危害人类健康和不破坏水域生态环境为基本原则。

4.2 水生动植物增养殖过程中对病虫害的防治，坚持"以防为主，防治结合"。

4.3 渔药的使用应严格遵循国家和有关部门的有关规定，严禁生产、销售和使用未经取得生产许可证、批准文号与没有生产执行标准的渔药。

4.4 积极鼓励研制、生产和使用"三效"（高效、速效、长效）、"三小"（毒性小、副作用小、用量小）的渔药，提倡使用水产专用渔药、生物源渔药和渔用生物制品。

4.5 病害发生时应对症用药，防止滥用渔药与盲目增大用药量或增加用药次数、延长用药时间。

4.6 食用鱼上市前，应有相应的休药期。休药期的长短，应确保上市水产品的药物残留限量符合 NY 5070 要求。

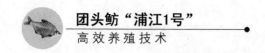

4.7 水产饲料中药物的添加应符合 NY 5072 要求，不得选用国家规定禁止使用的药物或添加剂，也不得在饲料中长期添加抗菌药物。

5 渔用药物使用方法

各类渔用药物的使用方法见表1。

表1 渔用药物使用方法

渔药名称	用途	用法与用量	休药期/d	注意事项
氧化钙（生石灰）calcii oxydum	用于改善池塘环境，清除敌害生物及预防部分细菌性鱼病	带水清塘：200～250 毫克/升（虾类：350～400 毫克/升）全池泼洒：20～25 毫克/升（虾类：15～30 毫克/升）		不能与漂白粉、有机氯、重金属盐、有机络合物混用
漂白粉 bleaching powder	用于清塘、改善池塘环境及防治细菌性皮肤病、烂鳃病、出血病	带水清塘：200 毫克/升 全池泼洒：1.0～1.5 毫克/升	≥5	1. 勿用金属容器盛装；2. 勿用酸、铵盐、生石灰混用
二氯异氰尿酸钠 sodium dichloroisocyanurate	用于清塘及防治细菌性皮肤溃疡病、烂鳃病、出血病	全池泼洒：0.3～0.6 毫克/升	≥10	勿用金属容器盛装
三氯异氰尿酸 trichloroisocyanuric acid	用于清塘及防治细菌性皮肤溃疡病、烂鳃病、出血病	全池泼洒：0.2～0.5 毫克/升	≥10	1. 勿用金属容器盛装；2. 针对不同的鱼类和水体的 pH，使用量应适当增减
二氧化氯 chlorine dioxide	用于防治细菌性皮肤病、烂鳃病、出血病	浸浴：20～40 毫克/升，5～10 分钟 全池泼洒：0.1～0.2 毫克/升，严重时 0.3～0.6 毫克/升	≥10	1. 勿用金属容器盛装；2. 勿与其他消毒剂混用

续表

渔药名称	用途	用法与用量	休药期/d	注意事项
二溴海因 Dibromodimethyl hydantoin	用于防治细菌性和病毒性疾病	全池泼洒：0.2~0.3毫克/升		
氯化钠（食盐）sodium chloride	用于防治细菌、真菌或寄生虫疾病	浸浴1%~3%，5~20分钟		
硫酸铜（蓝矾、胆矾、石胆）copper sulfate	用于治疗纤毛虫、鞭毛虫等寄生性原虫病	浸浴：8毫克/升（海水鱼类：8~10毫克/升），15~30分钟 全池泼洒：0.5~0.7毫克/升（海水鱼类：0.7~1.0毫克/升）		1. 常与硫酸亚铁合用；2. 广东鲂慎用；3. 勿用金属容器盛装；4. 使用后注意池塘增氧；5. 不宜用于治疗小瓜虫病
硫酸亚铁（硫酸低铁、绿矾、青矾）ferrous sulphate	用于治疗纤毛虫、鞭毛虫等寄生性原虫病	全池泼洒：0.2毫克/升（与硫酸铜合用）		1. 治疗寄生性原虫病时需与硫酸铜合用；2. 乌鳢慎用
高锰酸钾（锰酸钾、灰锰氧、锰强灰）potassium permanganate	用于杀灭锚头鳋	浸浴：10~20毫克/升，15~30分钟 全池泼洒：4~7毫克/升		1. 水中有机物含量高时药效降低；2. 不宜在强烈阳光下使用
四烷基季铵盐络合碘（季铵盐含量为50%）	对病毒、细菌、纤毛虫、藻类有杀灭作用	全池泼洒：0.3毫克/升（虾类相同）		1. 勿与碱性物质同时使用；2. 勿与阴性离子表面活性剂使混用；3. 使用后注意池塘增氧；4. 勿用金属容器盛装

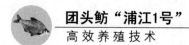

续表

渔药名称	用途	用法与用量	休药期/d	注意事项
大蒜 crown's treacle, garlic	用于防治细菌性肠炎	拌饵投喂：10～30克/千克体重，连用4～6天（海水鱼类相同）		
大蒜素粉（含大蒜素10%）	用于防治细菌性肠炎	0.2克/千克体重，连用4～6天（海水鱼类相同）		
大黄 medicinal rhubarb	用于防治细菌性肠炎	全池泼洒：2.5～4.0毫克/升（海水鱼类相同） 拌饵投喂：5～10克/千克体重，连用4～6天（海水鱼类相同）		投喂时常与黄芩、黄柏合用（三者比例为5:2:3）
黄芩 raikai skullcap	用于防治细菌性肠炎、烂鳃、赤皮、出血病	拌饵投喂：2～4克/千克体重，连用4～6天（海水鱼类相同）		投喂时需与大黄、黄柏合用（三者比例为2:5:3）
黄柏 amur corktree	用于防治细菌性肠炎、出血	拌饵投喂：3～6克/千克体重，连用4～6天（海水鱼类相同）		投喂时需与大黄、黄芩合用（三者比例为3:5:2）
五倍子 chinese sumac	用于防治细菌性烂鳃、赤皮、白皮、疖疮	全池泼洒：2～4毫克/升（海水鱼类相同）		
穿心莲 common andrographis	用于防治细菌性肠炎、烂鳃、赤皮	全池泼洒：15～20毫克/升 拌饵投喂：10～20克/千克体重，连用4～6天		
苦参 lightyellow sophora	用于防治细菌性肠炎、竖鳞	全池泼洒：1.0～1.5毫克/升 拌饵投喂：1～2克/千克体重，连用4～6天		
土霉素 oxytetracycline	用于治疗肠炎病、弧菌病	拌饵投喂：50～80毫克/千克体重，连用4～6天（海水鱼类相同，虾类：50～80毫克/千克体重，连用5～10天）	≥30（鳗鲡） ≥21（鲇鱼）	勿与铝、镁离子及卤素、碳酸氢钠、凝胶合用

渔药名称	用途	用法与用量	休药期/d	注意事项
噁喹酸 oxolinic acid	用于治疗细菌性肠炎病、赤鳍病，香鱼、对虾弧菌病，鲈鱼结节病，鲱鱼疖疮病	拌饵投喂：10～30毫克/千克体重，连用5～7天（海水鱼类：1～20毫克/千克体重；对虾：6～60毫克/千克体重，连用5天）	≥25（鳗鲡）≥21（鲤鱼、香鱼）≥16（其他鱼类）	用药量视不同的疾病有所增减
磺胺嘧啶（磺胺哒嗪）sulfadiazine	用于治疗鲤科鱼类的赤皮病、肠炎病，海水鱼链球菌病	拌饵投喂：100毫克/千克体重，连用5天（海水鱼类相同）		1. 与甲氧苄氨嘧啶（TMP）同用，可产生增效作用；2. 第一天药量加倍
磺胺甲噁唑（新诺明、新明磺）sulfamethoxazole	用于治疗鲤科鱼类的肠炎病	拌饵投喂：100毫克/千克体重，连用5～7天	≥30	1. 不能与酸性药物同用；2. 与甲氧苄氨嘧啶（TMP）同用，可产生增效作用；3. 第一天药量加倍
磺胺间甲氧嘧啶（制菌磺、磺胺-6-甲氧嘧啶）sulfamonomethoxine	用于治疗鲤科鱼类的竖鳞病、赤皮病及弧菌病	拌饵投喂：50～100毫克/千克体重，连用4～6天	≥37（鳗鲡）	1. 与甲氧苄氨嘧啶（TMP）同用，可产生增效作用；2. 第一天药量加倍
氟苯尼考 florfenicol	用于治疗鳗鲡爱德华氏病、赤鳍病	拌饵投喂：10.0毫克/天。千克体重，连用4～6天	≥7（鳗鲡）	

续表

渔药名称	用途	用法与用量	休药期/d	注意事项
聚维酮碘（聚乙烯吡咯烷酮碘、皮维碘、PVP－1、伏碘）（有效碘1.0%）povidone－iodine	用于防治细菌性烂鳃病、弧菌病、鳗鲡红头病。并可用于预防病毒病：如草鱼出血病、传染性胰腺坏死病、传染性造血组织坏死病、病毒性出血败血症	全池泼洒：海、淡水幼鱼、幼虾：0.2～0.5 毫克/升海、淡水成鱼、成虾：1～2 毫克/升 浸浴：草鱼种：30 毫克/升，15～20 分钟 鱼卵：30～50 毫克/升（海水鱼卵：25～30 毫克/升），5～15 分钟		1. 勿与金属物品接触； 2. 勿与季铵盐类消毒剂直接混合使用

注1：用法与用量栏未标明海水鱼类与虾类的均适用于淡水鱼类。
注2：休药期为强制性。

6 禁用渔药

严禁使用高毒、高残留或具有三致毒性（致癌、致畸、致突变）的渔药。严禁使用对水域环境有严重破坏而又难以修复的渔药，严禁直接向养殖水域泼洒抗菌素，严禁将新近开发的人用新药作为渔药的主要或次要成分。禁用渔药见表2。

表2 禁用渔药

药物名称	化学名称（组成）	别名
地虫硫磷 fonofos	O－2基－S苯基二硫代磷酸乙酯	大风雷
六六六 BHC（HCH） benzem, bexachloridge	1，2，3，4，5，6－六氯环己烷	

药物名称	化学名称（组成）	别名
林丹 lindane gammaxare， gamma－BHC gamma－HCH	γ－1，2，3，4，5，6－六氯环己烷	丙体六六六
毒杀芬 camphechlor（ISO）	八氯莰烯	氯化莰烯
滴滴涕 DDT	2，2－双（对氯苯基）－1，1，1－三氯乙烷	
甘汞 calomel	二氯化汞	
硝酸亚汞 mercurous nitrate	硝酸亚汞	
醋酸汞 mercuric acetate	醋酸汞	
呋喃丹 carbofuran	2，3－二氢－2，2－二甲基－7－苯并呋喃基－甲基氨基甲酸酯	克百威、大扶农
杀虫脒 chlordimeform	N－（2－甲基－4－氯苯基）N′，N′－二甲基甲脒盐酸盐	克死螨
双甲脒 anitraz	1，5－双－（2，4－二甲基苯基）－3－甲基－1，3，5－三氮戊二烯－1，4	二甲苯胺脒
氟氯氰菊酯 cyfluthrin	α－氰基－3－苯氧基－4－氟苄基（1R，3R）－3－（2，2－二氯乙烯基）－2，2－二甲基环丙烷羧酸酯	百树菊酯、百树得
氟氰戊菊酯 flucythrinate	（R，S）－α－氰基－3－苯氧苄基－（R，S）－2－（4－二氟甲氧基）－3－甲基丁酸酯	保好江乌氟氰菊酯

续表

药物名称	化学名称（组成）	别名
五氯酚钠 PCP - Na	五氯酚钠	
孔雀石绿 malachite green	$C_{23}H_{25}CIN_2$	碱性绿、盐基块绿、孔雀绿
锥虫胂胺 tryparsamide		
酒石酸锑钾 antimonyl potassium tartrate	酒石酸锑钾	
磺胺噻唑 sulfathiazolum ST，norsultazo	2 -（对氨基苯磺酰胺）- 噻唑	消治龙
磺胺脒 sulfaguanidine	N1 - 脒基磺胺	磺胺胍
呋喃西林 furacillinum，nitrofurazone	5 - 硝基呋喃醛缩氨基脲	呋喃新
呋喃唑酮 furazolidonum，nifulidone	3 -（5 - 硝基糠叉胺基）- 2 - 噁唑烷酮	痢特灵
呋喃那斯 furanace，nifurpirinol	6 - 羟甲基 - 2 - ［-（5 - 硝基 - 2 - 呋喃基乙烯基）］吡啶	P - 7138 （实验名）
氯霉素（包括其盐、酯及制剂） chloramphennicol	由委内瑞拉链霉素产生或合成法制成	
红霉素 erythromycin	属微生物合成，是 Streptomyces eyythreus 产生的抗生素	
杆菌肽锌 zino bacitracin premin	由枯草杆菌 Bacillus subtilis 或 B. leicheniformis 所产生的抗生素，为一含有噻唑环的多肽化合物	枯草菌肽
泰乐菌素 tylosin	S. fradiae 所产生的抗生素	

续表

药物名称	化学名称（组成）	别名
环丙沙星 ciprofloxacin（CIPRO）	为合成的第三代喹诺酮类抗菌药，常用盐酸盐水合物	环丙氟哌酸
阿伏帕星 avoparcin	阿伏霉素	
喹乙醇 olaquindox	喹乙醇	喹酰胺醇羟乙喹氧
速达肥 fenbendazole	5－苯硫基－2－苯并咪唑	苯硫哒唑氨甲基甲酯
己烯雌酚 （包括雌二醇等其他类似合成等雌性激素） diethylstilbestrol，stilbestrol	人工合成的非甾体雌激素	己烯雌酚
人造求偶素 甲基睾丸酮 （包括丙酸睾丸素、去氢甲睾酮以及同化物等雄性激素） methyltestosterone，metandren	睾丸素 C17 的甲基衍生物	甲睾酮甲基睾酮

参考文献

陈少莲,刘肖芳.1991.我国淡水优质草食性鱼类的营养和能量学的研究－Ⅲ.草鱼、团头鲂对食物选择性的初步研究.水生生物学报,15(2):180－183

曹文宣.1960.梁子湖的团头鲂和三角鲂.水生生物学集刊,1:57－82.

彭丽敏.1989.池养团头鲂的摄食和生长.水利渔业,5:14－18.

陈楚星.2003.团头鲂实用养殖技术.北京:金盾出版社.

李思发.2001.鱼类良种介绍团头鲂浦江1号.中国水产,11:52－52.

何琳.2013.高效生态养殖鱼塘环境特征及其产品品质的研究.上海海洋大学硕士论文.

李思发,蔡完其.2000.团头鲂双向选育效应研究.水产学报,24:201－205.

柯鸿文,任树勇,顾道良.1993.团头鲂养殖.上海:上海科学技术出版社.

王武.2000.鱼类增养殖学.北京:中国农业出版社.

苏建国,杨春荣.2002.团头鲂的繁殖技术.畜牧兽医杂志,4:46－48.

方耀林,余来宁.1991.团头鲂及其胚胎发育耗氧率的研究.淡水渔业,3:21－23.

雷慧僧,等.1980.池塘养殖学.上海:上海科学技术出版社.

夏华,陈阿琴,戴习林,等.2013.团头鲂生长及免疫酶活性与水体理化因子的关系.江苏农业学科学,5:203－207.

王明学,雷和江.1997.亚硝酸盐对团头鲂鱼种血红蛋白和耗氧率的影响.淡水渔业,1:14－16.

李朝义,任德发.2015.水霉病的新型防治方法.渔业致富指南,1:69－70.

夏文伟,曹海鹏,杨先乐.2010.美婷对鱼卵水霉病的防治试验.科学养鱼,8:52－53.

黄琦琰.2004.水生生物疾病学.上海:上海科学技术出版社.

梁长辉.2000.辣椒、生姜合剂治疗小瓜虫病初探.科学养鱼,1:32.

周智勇,盛银平,等.2012.复方中草药治疗鱼类小瓜虫病的效果研究.江西水产科技,2:12－14.